中国古建筑之美

民间住宅建筑

圆楼窑洞四合院

◎本社 编

中国建筑工业出版社

中国古建筑之美

·民间住宅建筑·

圆楼窑洞四合院

编委会

撰　文　王其钧

摄　影　陈小力　曹　扬　李东禧

张振光　韦　然　杨谷生 等

凡例

一、全书共分十册，收录中国传统建筑中宫殿建筑、帝王陵寝建筑、皇家苑囿建筑、文人园林建筑、民间住宅建筑、佛教建筑、道教建筑、伊斯兰教建筑、礼制建筑、城池防御建筑等类别。

二、各册内容大致分四大部分：论文、彩色图版、建筑词汇、年表。

三、论文内容阐述各类建筑之产生背景、发展沿革、建筑特色，附有图片辅助说明。

四、彩色图版大体按建筑分布区域或建成年代为序进行编排。全书收录精美彩色图片（包括论文插图）约一千七百幅。全部图片均有图版说明，概要说明该建筑所在地点、建筑年代及艺术技术特色。

五、论文部分收有建筑结构图、平面图、复原图、沿革图、建筑类型比较图表等。另外还附有建筑分布图及导览地图，标注著名建筑分布地点及周边之名胜古迹。

六、词汇部分按笔画编列与本类建筑有关之建筑词汇，供非专业读者参阅。

七、每册均列有中国建筑大事年表，并以颜色标示各册所属之大事纪要。全书纪年采用中国古代传统纪年法，并附有公元纪年以供对照。

序一

《中国古建筑大系》重印序

中国的古代建筑源远流长，从余姚的河姆渡遗址到西安的半坡村遗址，可以考证的实物已可上溯至7000年前。当然，战国以前，建筑经历了从简单到复杂的漫长岁月，秦汉以降，随着生产的发展，国家的统一，经济实力的提升，建筑的技术和规模与时俱进，建筑艺术水平也显著提高。及至盛唐、明清的千余年间，建筑发展高峰迭起，建筑类型异彩纷呈，从规划设计到施工制作，从构造做法到用料色调，都达到了登峰造极的地步。中国建筑在世界建筑之林，独放异彩，独树一帜。

建筑是凝固的历史。在中华文明的长河中，除了文字典籍和出土文物，最能震撼民族心灵的是建筑。今天的炎黄子孙伫立景山之巅，眺望金光灿烂雄伟壮丽的紫禁城，谁不产生民族自豪之情！晚霞初起，凝视护城河边的故宫角楼，谁不感叹先人的巧夺天工。

珍爱建筑就是珍爱历史，珍爱文化。中国建筑工业出版社从成立之日起，即把整理出版中国传统建筑、弘扬中华文明作为自己重要的职责之一。20世纪50、60年代出版了梁思成、刘敦桢、童寯、刘致平等先生的众多专著。改革开放之初，本着抢救古代建筑的初衷，在杨俊社长主持下，制订了中国古建筑学术专著的出版规划。虽然财力有限，仍拨专款20万元，组织建筑院校师生实地测绘，邀请专家撰文，从而陆续推出或编就了《中国古建筑》、《承德古建筑》、《中国园林艺术》、《曲阜孔庙建筑》、《普陀山古建筑》以及《颐和园》等大型学术画册和5卷本的《中国古代建筑史》。前三部著作1984年首先在香港推出，引起轰动；《中国园林艺术》还出版了英、法、德文版，其中单是德文版一次印刷即达40000册，影响之大，可以想见。这些著作既有专文论述，又配有大量测绘线图和彩色图片，对于弘扬、保存和维护国之瑰宝具有极为重要的学术价值和实际应用价值。诚然，这些图书学术性较强，主要为专业人士所用。

1989年3月，在深圳举行的第一届对外合作出版洽谈会上，我看到台湾翻译出版的一套《世界建筑全集》。洋洋10卷主要介绍西方古代建筑。作为世界文明古国的中国却只有万里长城、北京故宫等三五幅图片，是中国没有融入世界，还是作者不了解中国？作为炎黄子孙，别是一番滋味涌上心头。此时此刻，我不由得萌生了出版一套中国古代建筑全集的设想。但如此巨大的工程，必有充足财力支撑，并须保证相当的发行数量方可降低投资风险。既是合作出版洽谈会，何不找台湾同业携手完成呢？这一创意立即得到《世界建筑全集》中文版的出版者——台湾光复书局的响应。几经商榷，合作方案敲定：我方组织专家编撰、摄影，台方提供10万美元和照相设备，1992年推出台湾版。1989年11月合作出版的签约典礼在北京举行。为了在保证质量的同时，按期完成任务，我们决定以本社作者为主完成本书。一是便于指挥调度，二是锻炼队伍，三能留住知识产权。因此将社内建筑、园林、历史方面的专家和专职摄影人员组成专题组，由分管建筑专业的王伯扬副总编辑具体主持。社外专家各有本职工作，难免进度不一，因此只邀请了孙大章、邱玉兰、茹竞华三位研究员，分别承担礼制建筑、伊斯兰教建筑和北京故宫的撰稿任务。翌年初，编写工作全面展开，作者们夜以继日，全力以赴；摄影人员跋山涉水，跑遍全国，大江南北，长城内外，都留下了他们的足迹和汗水。为了反映建筑的恢弘气派和壮观全景，台湾友人又聘请日本摄影师携专用器材补拍部分照片补入书中。在两岸同仁的共同努力下，三年过去，10卷8开本的《中国古建筑大系》大功告成。台湾版以《中国古建筑之美》的名称于1992年按期推出，印行近20000套，一时间洛阳纸贵，全岛轰动。此书的出版对于弘扬中华民族的建筑文化，激发台湾同胞对祖国灿烂文化的自豪情感，无疑产生了深远的影响。正如光复书局林春辉董事长在台湾版序中所言："两岸执事人员真诚热情，戮力以赴的编制精神，充分展现了对我民族文化的长情大爱，此最是珍贵而足资敬佩。"

为了尽快推出大陆版，1993年我社从台方购回800套书页，加印封面，以《中国古建筑大系》名称先飨读者。终因印数太少，不多时间即销售一空。此书所以获得两岸读者赞扬和喜爱，我认为主要原因：一是书中色彩绚丽的图片将中国古代建筑的精华形象地呈现给读者，让你震撼，让你流连，让你沉思，让你获得美好的享受；二是大量的平面图、剖面图、透视图展示出中国建筑在设计、构造、制作上的精巧，让你感受到民族的智慧；三是通俗流畅的文字深入浅出地解读了中国建筑深邃的文化内涵，诠释出中国建筑从美学到科学的含蓄内蕴和哲理，让你获得知识，得到启迪。此书不仅获得两岸读者的认同，而且得到了专家学者的肯定，1995年荣获出版界的最高奖赏——国家图书奖荣誉奖。

为了满足读者的需求，中国建筑工业出版社决定重印此书，并计划推出简装本。对优秀的出版资源进行多层次、多方位的开发，使我们深厚丰富的古代建筑遗产在建设社会主义先进文化的伟大事业中发挥它应有的作用，是我们出版人的历史责任。我作为本书诞生的见证人，深感鼓舞。

诚然，本书成稿于十余年前，随着我国古建筑研究和考古发掘的不断进展，书中某些内容有可能应作新的诠释。对于本书的缺憾和不足，诚望建筑界、出版界的专家赐教指正。让我们共同努力，关注中国建筑遗产的整理和出版，使这些珍贵的华夏瑰宝在历史的长河中，像朵朵彩霞永放异彩，永放光芒。

中国出版工作者协会副主席
科技出版委员会主任委员
中国建筑工业出版社原社长　周谊

2003年4月

序二

《中国古建筑大系》初版序

人们常用奔腾不息的黄河，象征中华民族悠长深远的历史；用连绵万里的长城，喻示炎黄子孙坚忍不拔的精神。五千年的文明与文化的沉淀，孕育了我伟大民族之灵魂。除却那浩如烟海的史籍文章，更有许许多多中国人所特有的哲理风骚，深深地凝刻在砖石木瓦之中。

中国古代建筑，以其特有的丰姿于世界建筑体系中独树一帜。在这块华夏子民的土地上，散布着历史年岁留下的各种类型建筑，从城池乡镇的总体规划、建筑群组的设计布局、单栋房屋的结构形式，一直到细部处理、家具陈设，以及营造思想，无不展现深厚的民族色彩与风格。而对金碧辉煌的殿宇、幽雅宁静的园林、千姿百态的民宅和玲珑纤巧的亭榭……人们无不叹为观止。正是透过这些出自历朝历代哲匠之手的建筑物，勾画出东方人的神韵。

中国古建筑之美，美在含蓄的内蕴，美在鲜明的色彩，美在博大的气势，美在巧妙的因借，美在灵活的组合，美在予人亲切的感受。把这些美好的素质发掘出来，加以研究和阐扬，实为功在千秋的好事情。

我与中国建筑工业出版社有着多年交往，深知其在海内影响之权威。光复书局亦为台湾业绩卓著、实力雄厚的出版机构。数十年来，她们各自从不同角度为民族文化的积累，进行着不懈的努力。尤其近年，大陆和台湾都出版了不少旨在研究、介绍中国古代建筑的大型学术专著和图书，但一直未见两岸共同策划编纂的此类成套著作问世。此次中国建筑工业出版社与光复书局携手联珠，各施所长，成功地编就这样一整套豪华的图书，无论从内容，还是从形式，均可视为一件存之永久的艺术珍品。

中国的历史，像一条支流横溢的长河，又如一棵挺拔繁盛的大树，中国古代建筑就是河床、枝叶上蕴含着的累累果实与宝藏。举凡倾心于研究中国历史的人，抑或热爱中华文化的人，都可以拿它当作一把钥匙，尝试着去打开中国历史的大门。这套图书，可以成为引发这一兴趣的契机。顺着这套图书指引的线索，根其源、溯其流、张其实，相信一定会有绝好的收获。

刘致平

1992年8月1日

序三

《中国古建筑大系》英文版序

当历史的脚步行将跨入新世纪大门的时候，中国已越来越成为世人瞩目的焦点。东方文明古国，正重新放射出她历史上曾经放射过的光辉异彩。辽阔的神州大地，睿智的华夏子民，当代中国的经济腾飞，古代中国的文化珍宝，都成了世人热衷研究的课题。

在中国博大精深的古代文化宝库中，古代建筑是极具代表性的一个重要组成部分。中国古代建筑以其特有的丰姿，在世界建筑史中独树一帜，无论是严谨的城市规划和活泼的村镇聚落，以院落串联的建筑群体布局，完整规范的木构架体系，奇妙多样的色彩和单体造型，还是装饰部件与结构功能构件的高度统一，融家具、陈设、绘画、雕刻、书法诸艺于一体的建筑综合艺术，等等，无不显示出中华民族传统文化的独特风韵。透过金碧辉煌的殿宇，曲折幽静的园林，多姿多样的民居，玲珑纤细的亭榭，那尊礼崇德的儒学教化，借物寄情的时空意识，兼收并蓄的审美思维，更折射出华夏子孙的不凡品格。

中国建筑工业出版社系中国建设部直属的国家级建筑专业出版社。建社四十余年来，素以推进中国建筑技术发展，弘扬中国优秀文化传统、开展中外建筑文化交流为己任。今以其权威之影响，组织国内知名专家，不惮繁杂，潜心调研、摄影、编纂，出版了《中国古建筑大系》，为发掘和阐扬中国古建筑之精华，做了一件功在千秋的好事。

这套巨著，不但内容精当、图片精致、而且印装精美，足臻每位中国古建筑之研究者与爱好者所珍藏。本书中文版，不但博得了中国学者的赞赏，而且荣获了中国国家图书奖荣誉奖；获此殊荣的建筑图书，在中国还是第一部。现本书英文版又将在欧美等地发行，它将为各国有识之士全面认识和研究中国古建筑打开大门。我深信，无论是中国人还是西方人，都会为本书英文版的出版感到高兴。

原建设部副部长　叶如棠

1999年10月

民间住宅建筑分布图

我国民间住宅的发展起源很早，先秦时期即有氏族成员共居的大型建筑，当时建筑类型大致划分为北方(黄河流域)和南方(长江流域）两类。北方以仰韶文化建筑遗址为代表，多为浅穴的半地下建筑，南方以河姆渡文化建筑遗址为代表，多为干阑式建筑。秦、汉两代，风水术盛行，加上汉武帝推崇儒术，于是符合阴阳五行说与礼仪制度成为建居的理论依据，建筑布局则逐渐形成前堂后寝、左右对称、主房高大的院落架构，楼阁建筑在当时的住宅建筑中比较常用，不同于以后各个朝代普遍低矮的传统民居建筑形式。隋、唐、五代，对礼仪制度特别讲究，使宅第制度与设施具有严格的等级差别，由于当时人们是席地而坐，所以建筑开间宽大，出檐深远，但并不很高。宋代因文人、士大夫追求平淡与自然的美学思想成为建筑潮流，无形区别出民间住宅与官式建筑类型。及至明、清两代，宗法制度盛行，数代同堂的情形屡见，促使建筑规模趋于宏阔，基本上形成现在的民间住宅格局。

由于国土幅员广阔，各地也因地形、气候、人文等因素而独自发展出特殊的建筑类型，如闽西粤东地区的防御性土楼、蒙古民族固有的蒙古包、中原地区的窑洞等。然而各地特殊建筑类型繁多，无法完全陈列出来，因此本图仅标示本册所收录的各地著名建筑类型。

吉林省
东北地区民宅：
1.虎头房
2.东北套大院
3.朝鲜族民居
沈阳
辽河
辽宁省
内蒙古自治区民宅：
蒙古包
河北省民宅：
碱土平屋顶住宅
呼和浩特
治区
北京市
山区石板房
天津市
北京市民宅：
四合院
渤海
晋陕地区民宅：
1.独立式窑洞
2.下沉式窑洞
3.靠崖式窑洞
4.单坡屋顶住宅
5.纵长方形的院落
山西省
河北省
太原
乔家堡民宅 祁县
汾河
陕西省
大运河
济南
山东省
黄海
村文化建筑遗址（先秦时期）
山东省民宅：
硬山式住宅
黄河
渑池
郑州
渭河
扶风
西安
半坡村遗址（先秦时期）
云塘西周文化遗址（西周）
凤雏村四合院遗址（西周）
河南省
安徽省
江苏省
皖南民宅：
四水归堂、多层院落的楼房
合肥
南京
上海市
汉水
湖北省
武汉
杭州
河姆渡文化建筑遗址（先秦时期） 余姚
湘鄂赣民宅：
1.赣南土围子
2.湘西吊脚楼
3.高马头墙住宅
4.四水归堂式民居
洞庭湖
鄱阳湖
卢氏住宅 东阳
浙江省
江浙地区民宅：
1.纵长方形住宅
2.沿街及沿河骑楼
3.依桥民居与跨河民居
4.厅堂式多重院落住宅
湖南省
长沙
湘江
南昌
江西省
赣江
福建省
福建省民宅：
1.单体土楼
2.方形土楼
3.单元式圆楼
4.内通廊式圆楼
5.泉州红砖住宅
民宅：
式住宅（黔东南）
沙建乡上坪村齐云楼
仙都乡大地村二宜楼
土楼
福州
如兴楼
古竹乡高北村承启楼
龙岩
华安
永定
南靖
土楼
始兴 客家围屋
平和
九峰乡龙见楼
芦溪乡厥宁楼
台北
台湾海峡
台湾省
花溪石板哨
广东省
族自治区
广东省民宅：
1.碉楼
2.竹筒居
3.并列式楼房
4.粤北环形屋（客家围屋）
广州
南宁
赤坎区鹰村迎龙楼 开平

窑洞地区周边导览图

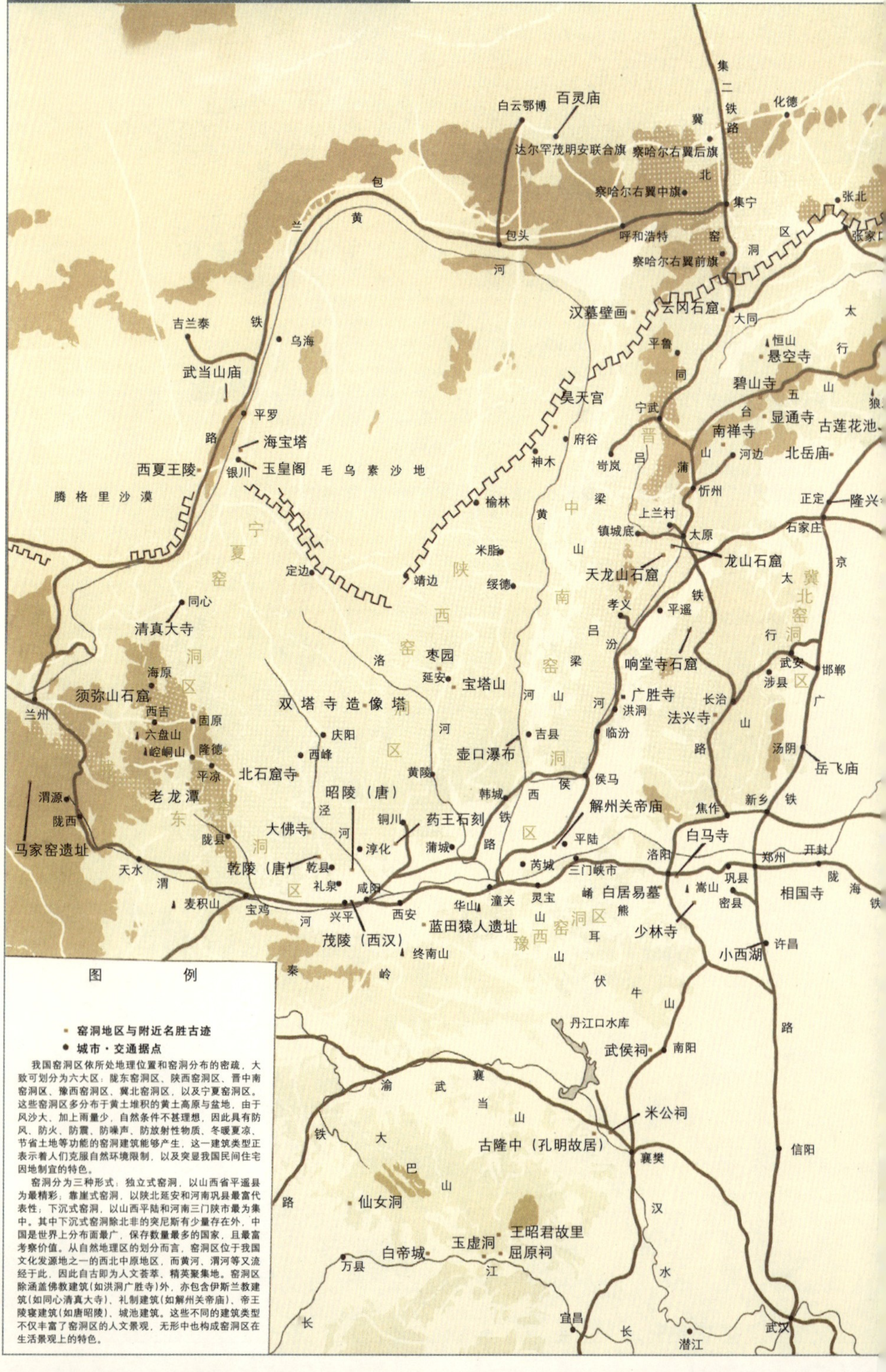

图　例

- 窑洞地区与附近名胜古迹
- 城市・交通据点

我国窑洞区依所处地理位置和窑洞分布的密疏，大致可划分为六大区：陇东窑洞区、陕西窑洞区、晋中南窑洞区、豫西窑洞区、冀北窑洞区，以及宁夏窑洞区。这些窑洞区多分布于黄土堆积的黄土高原与盆地，由于风沙大、加上雨量少，自然条件不甚理想，因此具有防风、防火、防震、防噪声、防放射性物质、冬暖夏凉、节省土地等功能的窑洞建筑能够产生，这一建筑类型正表示着人们克服自然环境限制，以及突显我国民间住宅因地制宜的特色。

窑洞分为三种形式：独立式窑洞，以山西省平遥县为最精彩；靠崖式窑洞，以陕北延安和河南巩县最富代表性；下沉式窑洞，以山西平陆和河南三门陕市最为集中。其中下沉式窑洞除北非的突尼斯有少量存在外，中国是世界上分布面最广，保存数量最多的国家，且最富考察价值。从自然地理区的划分而言，窑洞区位于我国文化发源地之一的西北中原地区，而黄河、渭河等又流经于此，因此自古即为人文荟萃、精英聚集地。窑洞区除涵盖佛教建筑（如洪洞广胜寺）外，亦包含伊斯兰教建筑（如同心清真大寺）、礼制建筑（如解州关帝庙）、帝王陵寝建筑（如唐昭陵）、城池建筑。这些不同的建筑类型不仅丰富了窑洞区的人文景观，无形中也构成窑洞区在生活景观上的特色。

Contents / 目录

Contents / 图版目录

Contents / 图版目录

华南

西部地方

中国古建筑之美

·民间住宅建筑·

圆楼窑洞四合院

论文

民间住宅的发展历程

——纵横话历史，捭阖探源流

历史就像江河一样静静流过，依附于当时技术经济和文化历史条件而产生的传统民间住宅，自钢筋水泥及西方技术文化引入后开始衰落，而且正从我们这块古老的国土上逐渐消逝。“劝君莫奏前朝曲，请唱新翻杨柳枝。”一切艺术作品都要打破陈套，切忌重复、雷同，我们回顾民间住宅，不应仿其形，而要追其意，这端庄、优美、素雅、高洁的意蕴将会在我国现代建筑中凝聚、积淀。

先秦时期的民间住宅

民间住宅的历史非常悠久。在“人民少而禽兽众”的上古时代，原始人过着群居生活。那时他们饿一顿饱一顿，还没有能力营造房屋。正如《易经·系辞》中所说：“上古穴居野处。”纵观已发现的几处洞穴遗址可以了解到，那时人们是将天然洞穴、树丛崖下等作为栖身之地。

距今6000～7000年时，我国的母系氏族社会发展到兴盛时期，出现了氏族成员共居的大型建筑。经考古发现掘出的几千处居住遗址，可以大致分为北方和南方两类。

北方以仰韶文化建筑遗址为代表。仰韶文化在1921年首先于河南渑池仰韶村发现，故名，分布在黄河中下游地

区。其中又以发现较早的西安以东、浐河东岸的半坡村遗址最著名。半坡遗址据碳-14法测定约为公元前4800～4300年，距今已有六千年以上。“半坡型”住宅分布在黄河中下游地区，平面有圆形和方形。其中半地下的浅穴建筑较多，浅穴一般在黄土地面上掘出50～80厘米深，门口有斜阶通至室内地面。浅穴四周的壁体内，是木柱编织排扎的墙面，有的还用火烤得非常坚实。室内地面用草泥土铺平压实，中部挖一弧形浅坑作火塘，供做饭取暖用。屋面是依靠中部的柱子支撑。地上建筑四周也有柱子，不仅支撑屋面，也构成墙体。屋顶为茅草或草泥土铺敷。

南方以河姆渡文化建筑遗址为代表。河姆渡文化于公元1973年在浙江余姚河姆渡村东北开始发掘，是长江中下游新石器时代的一种早期文化。在此发现了“干阑式”建筑遗址和干阑建筑构件。干阑式建筑是用木或竹为构架，底层架空，楼上住人的一种建筑形式。河姆渡的干阑建筑为木构架，树皮屋面，梁柱间用榫卯接合，木构架的燕尾榫和带销钉孔的榫，可以防止构架受拉脱榫。地板用企口板密拼。这体现了相当成熟的木构技术。这里还发现了我国最早的木构浅水井遗址，井口方形，边长约2米。水井上曾建有井亭。这和黄河中游仰韶文

贵州省黎平县地平寨花桥

风雨桥史称廊桥或楼桥，俗称花桥。据史籍记载，花桥的起源不晚于公元3世纪初，但作为一种传统建筑保存下来且继续建造者，现今则只有侗族村寨了。过往花桥的行人，可在桥上休憩和观赏两岸景色，风光绮丽，气象万千。图中地平寨花桥舒展有味，平易近人；虽精巧细致，但不芜杂繁琐；虽气势宏伟，但不装腔作势；注重结构，而且不失艺术风格。

陕西西安半坡村原始社会住屋形式图例

方形住屋多为浅穴，常在黄土地面上掘穴50~80厘米深，面积约20~40平方米。门口有斜阶可通至室内地面，阶道上部可能搭有简单的人字形顶盖。浅穴四周壁体是木柱编织排扎的墙面，支撑屋顶的边缘部分，住屋中部以四柱作为构架的骨干，支撑屋顶。屋顶形状可能为四角攒尖顶，或在上部再建采光和出烟的两面坡屋顶。壁体和屋顶铺敷草泥土或草，室内地面则用草泥土铺平压实。

圆形住屋一般建造在地面上，直径约4~6米。室内有2~6根较大的柱子，周围以较细的木柱密排编织。屋顶形状可能在圆锥形之上，结合内部柱子，再建造一个两面坡式的小屋顶。室内中央挖一弧形浅坑作火塘，供炊煮食物和取暖之用，而门内两侧设短墙，引导并限制气流，以控制室内温度。

方形住屋

剖视图

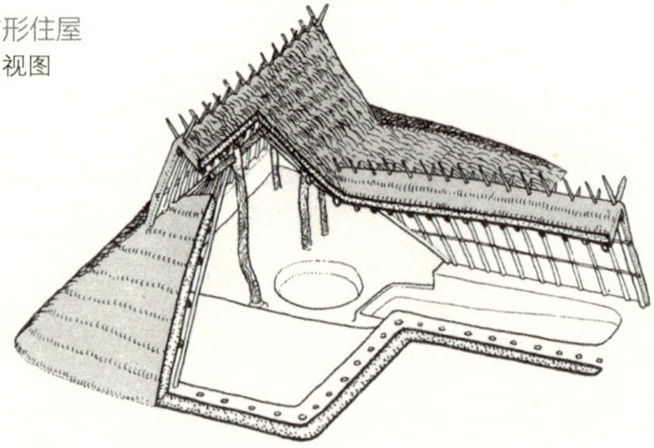

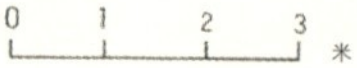

Ⅰ－Ⅰ剖面

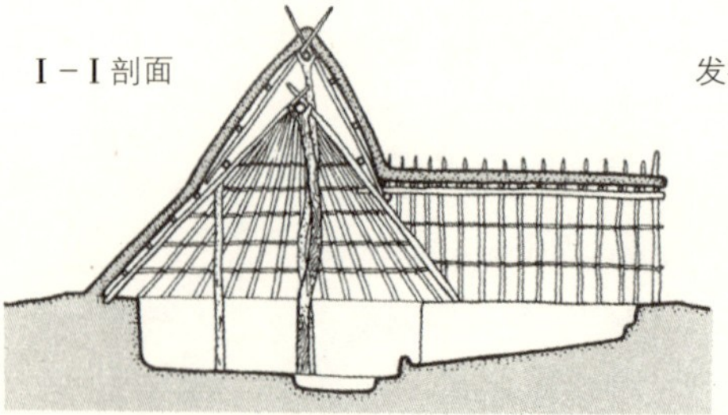

发掘平面图

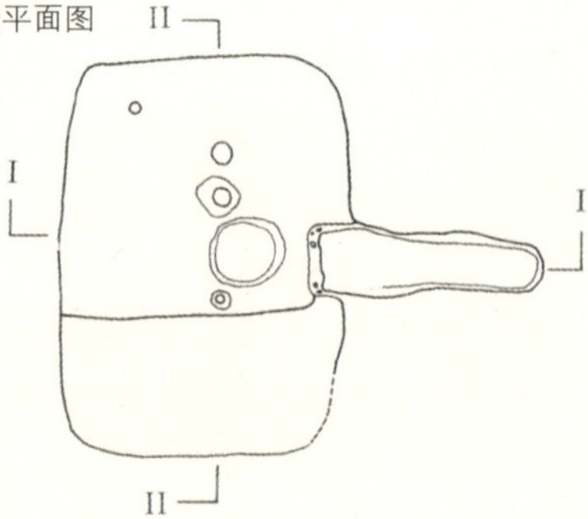

Ⅱ—Ⅱ剖面

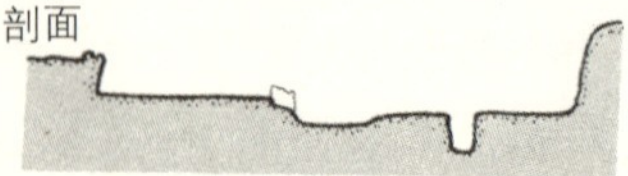

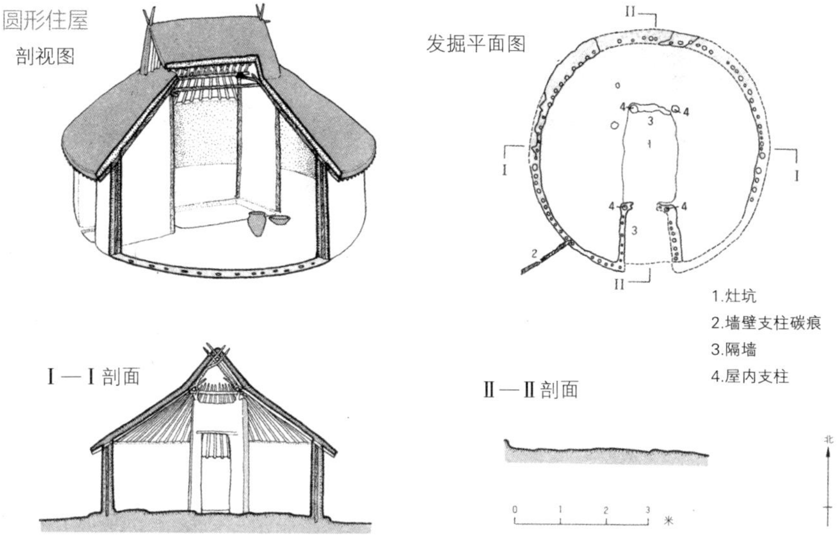

化完全不同，属另一种文化类型。其年代相当古老，据碳-14法测定，河姆渡遗址约为公元前4800年，距今已近七千年。

到了距今五千年前的父系氏族社会时，房屋已从母系氏族社会集体居住的大房子，变为以父系家庭为单位的小房子。从一些地方发掘的遗址来看，在众多的小型房屋中，常伴有少量大型住房，这表明人们的生活已有了贫富之别。除半地下建筑外，地面上的建筑也日渐多起来。土木混合结构的技术提高，人们已知道刨槽筑基，墙体有土墼的、版筑的和石砌的等多种形式。室内的墙壁已普遍采用石灰类物质涂抹，并注意到装饰。

我们勤劳的祖先在原始时代极度艰难的生活条件下，经过长期艰苦奋斗，共同劳动，创造了著称于世的远古建筑文化。虽然各地区的文化不尽相同，发展也不平衡，但它们都各自以独特的风格放射着艺术的光彩。

三千多年前的商代，人们已大量使用青铜器作为劳动工具，为木结构及筑土墙提供了很大的便利。筑土墙古时称版筑，就是《孟子·告子下》中所说的“傅说举于版筑之间”的版筑。即用木板作边框，然后在框内倾注调拌的黄土，用木杵打实后，将木板拆除。

西汉明器青铜房屋 / 左

传世汉代明器房屋全系陶质，明器青铜房屋为第一次发现。屋型虽简陋，但能窥见汉代建筑一斑，例如规模较小的住宅平面为方形或长方形，屋门开在房屋一面的当中或偏在一边等。

东汉明器彩绘屋 / 右

屋分四层，顶上有望楼；第一层前有院墙，并以阙式做门。屋的结构完全采用木质斗栱式，上有瓦面。二层楼檐下有人俑，作端坐消闲状。屋外壁遍作彩绘，极尽华丽装潢，或为汉代豪华住宅的缩影。

除地上住宅外，当时北方仍有一部分半地下建筑的民间住宅，南方则广泛使用干阑式建筑。这一点从四川成都十二桥和云南剑川海门口的商代建筑遗址中可以得到证实。商代的文字是中国已知最早的象形文字，从一些有关建筑的甲骨文中，可以知道当时的建筑形式已很丰富。商代的建筑装饰纹样往往带有宗教迷信的色彩，其艺术特点是威严、神秘、慑服，从社会角度来看，其宗教意义大于审美意义。

西周时期有些建筑的夯土墙外皮已使用包面砖。陕西扶风云塘西周文化遗址已出土包面砖实物。砖的背后四个角都有乳丁，是为了附着于墙面而设计的。这样，墙体可以防止风雨的侵蚀。

当时的宫殿、宗庙和贵族住宅的屋面已使用板瓦或筒瓦。瓦的出现是中国古代建筑的一个重要进步。在陕西岐山凤雏村还发现了迄今为止已知为中国最早的一座四合院遗址，并在建筑东南角发现有用陶管或卵石砌成的排水管道，这种在住宅东南隅设排水出口的做法一直流传到明、清。

如果说商是版筑时代，则春秋战国是干阑时代。从周代文献和《周礼》、《诗经》、《尚书》等的记载以及发掘的实物上，可以知道春秋战国宅第宫室已有相当大的规模，并设有门楼、重檐等装饰成分，窗户也有了十字棂格的纹样。《楚语上》中有“以土木之崇高，彤镂为美”的记载，说明人们已经注意到建筑的精神寓意。那时的建筑多半属于干阑式结构，室内地板距室外地面有相当高的距离。登堂入室必先在门外脱屣，入门即是席位，人们席地跪坐。在竹席下面，还都铺有竹编的筵。筵已成为当时建筑计算面积的基本单位之一，如《周礼·考工记》中就有“王室，凡室二筵”的描写。

战国时，住宅又有了进步，人们已普遍使用床来坐卧休息。那时，睡觉的床很矮而且很大，最为特殊的是四周绕以栏杆。建筑已有彩画，而且在建筑用色上还有严格的等级制度。瓦当上已有凸起的饕餮纹、涡纹、卷云纹等美丽的纹饰。

当时我国南方地区广泛使用楼式干阑住宅，比北方的台基式干阑底层空间要高大得多。云南祥云大波那村出土的战国时期的两个干阑式小铜房神韵惟妙，下层空敞，上层挑出，有窗洞，悬山顶，飞动灵秀，豪迈俊逸。其缠绕穿插的装饰风格也与当时文学的格式有着异质同构的共同处。同时代的不同艺术门类之间是互相影响的，而这种影响是受时代的社会思想和审美风尚所支配的。《周礼·考工记》中提出“天有时，地有气，工有巧，材有美，合此四者然后可以为良”的重要观点，指出了时间、空间、技术、材料四个方面的因素相互联系的概念。这种精辟的美学原则，是非常值得后代子孙赞佩与学习的。

先秦的建筑艺术已有了相当高的成就，在木构架造型和表达情感上已达到相当高的水准，显示出与古希腊迥然不同的独特的东方风格，非常强烈地体现了那一历史时代的审美意识和审美理想。

秦汉两晋时期的民间住宅

秦是年代很短促但很重要的朝代，其间建筑有飞跃的进展。

秦统一了六国，建立了中央集权的大帝国。施行了很多重要的统一措施，如设郡县和统一文字、度、量、衡等。对建筑则是将六国十二万豪强富户迁到咸阳，这对文化及居住建筑式样产生了很大的融合促进作用。

秦、汉之际，是风水术成形阶段。风水术以易经八卦作为一种相、卜手段，并以气说、阴阳五行说为其理论根据，形成一种古代关于择居、营居的学问。风水观念显得深沉而凝重。加之汉武帝时推崇儒术、罢黜百家，在住宅的立面、布局上非常注意整体的秩序礼仪制度。建筑开始被多方限制，住宅没有战国以前那样形式灵活、平面多样了。汉族房屋制度，如前堂后寝、左右对称、主房高大、院落组织等，从汉代至今，无多大变化。

汉代的住宅建筑形式不仅有文献记载可考，而且有大量的出土文物，如画像石、画像砖、明器陶屋、明器青铜房屋等提供了形象资料，可以了解得更加具体。

汉代最常用的住宅单位，尤其是西汉，即是所谓“一堂二内”的制度，也是一般平民所最喜用的制度。“内”之大小是一丈见方。后世所谓“内人”即是内中之人的意思，亦即是家庭主妇的别称。堂的大小等于二内，所以宅平面是方形的，近于田字。这种双开间的宅制在汉明器、祠堂、崖墓上是非常多的。

汉代规模较小的住宅平面为方形或长方形，屋门开在房屋一面的当中或偏在一边。房屋的构造除少数用承重墙结构外，大多数采用木构架结构。墙壁用夯土筑造。窗的形式有方形、横长方形、圆形等多种。屋顶多采用悬山式或囤顶。规模稍大一点的住宅，无论平房或楼房都以墙垣构成一个院落。

汉代楼居的风气很盛，是与后世住宅大不相同的地方(今天西南、东南一带仍多有楼居的，不过北方多为平房)。楼居的盛行显然是将干阑式建筑的下段略为提高作堂室之用，而人们仍居楼上。这是很经济的办法。但是北方天寒风大，木楼房不甚适用，所以以后渐渐减少。至于干阑式建筑在汉代仍然是很多的。如“席地而坐”即是由于干阑式构造产生的习惯。近来在广州亦有干阑式明器出土，可以证明汉代干阑的形式。

汉代宅第另有一种楼的建筑，在乡村的大地主富豪们可以说每家必有一座，这既是望楼，也是谯楼，楼顶上可以瞭望，遇着有警，便“登楼击鼓，警告邻里”，使之相救助。在汉墓内常有这类的陶制谯楼发现。这种楼的式样很多，有的3层、4层或5层，多为双开间，或单开间式。每层常是上有屋檐，下

汉代住宅形式图例

干阑式住宅
广东广州汉墓明器

日字形平面住宅
广东广州汉墓明器

三合式住宅
广东广州汉墓明器

曲尺形住宅
广东广州汉墓明器

住宅类型

楼与廊庑
江苏睢宁双沟画像石

大门
四川德阳画像砖

住宅
陕西绥德画像石

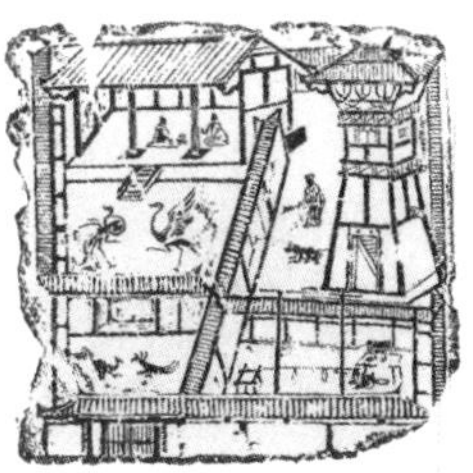

庭院
四川成都画像砖

住宅形制

汉代明器陶屋 / 左

汉代的住宅建筑形式不仅有文献记载可考，而且有大量的出土文物，如画像石、画像砖、明器陶屋、明器青铜房屋等提供了形象资料，可以从中了解得更加具体。汉代房屋的构造除少数用承重墙结构外，大多数采用木构架结构。墙壁用夯土筑造。窗的形式有方形、横长方形、圆形等多种。

汉代明器绿釉羊圈 / 右

圈四方形，四周围以墙及房舍，圈内容纳大小羊只十五头，牧人两名，门外并有一犬守护，神态逼真。由此可见，汉代农舍的活动情形。

有平坐栏杆，有的墙壁上满施彩绘，后世木塔的结构即由此发展而成。而且谯楼可供今日设计高层建筑参考。

汉代较好的住宅全有左、右阶：左阶是主人上下用的；右阶是客人用的。汉代升堂入室仍同春秋战国，盛行脱履的制度，入堂室即席地而坐。

汉代床的用途扩大到日常起居与接见宾客等活动。床上陈设有几，床的后面和侧立面立有屏风。长者、尊者还常使用一种窄而低的床，称为榻。榻上一般都施帐，也称幄。室内四周饰以幕布，称为帷。《史记·陈涉世家》中有“入宫，见殿屋帷帐”的描写。当时这种室内装饰设计十分普遍。“夫运筹帷幄之中，决胜千里之外”（《汉书·高帝纪下》），帷幄、帱帐已成为汉代宫室的象征词。

汉代由木构架结构而形成的屋顶已产生五种基本形式：悬山、庑殿、囤顶、歇山和攒尖，而且出现了庑殿顶和披檐组合后发展而成的重檐屋顶。大屋顶是中国古代建筑最富代表性的形式，屋面的变化娴美、轻柔，当各种屋面重重叠叠组合在一起时，缠绵与雄放、委婉与刚直融于一体，深情绵邈，景象壮阔。以后历代屋面形式在此基础上虽有所发展，但基本形式不再突破。

总而言之，汉代的住宅风格具有古拙、朴直的特点。但古拙而不呆板，朴直而不简陋。空间紧凑而繁缛，结构充实而不堆砌。在艺术风格上，有许多新的创造，取得了较高的成就。

魏晋时期，一些士大夫标榜旷达风流，爱好自然，这种思想也反映在住宅上。当时许多住宅围墙上有成排的直棂窗，常悬挂竹帘与帷幕，与外界自然有隔有通。墙内有围绕庭院的走廊。檐下有人字栱；这种人字栱从汉末至唐盛行，坦率简朴。一些贵族住宅的大门，往往用庑殿式屋顶，屋脊两端设有鸱吻。不过当时鸱吻仅用于宫殿，对住宅来说，未经准许是不能使用的。室内地面布席而坐，台基上施短柱与枋，构成木架，再在其上铺板与席。当时也有床榻之类的家具，从东晋顾恺之的《女史箴图》中可以得知盘膝而坐是当时的习惯。

南北朝时期，在我国住宅史上，上承两汉，下启隋、唐，是一个重要的过渡时期。一百年间，连绵不断的战争，频繁更替的朝代，造成“人人厌苦，家家思乱”。佛教自然成为人们的精神寄托。在美学上崇尚清淡，超然物外。因此住宅的艺术风格同样具有玄虚、恬静、超脱的特色，清秀、空疏是其主要特点。

唐宋时期的民间住宅

隋、唐、五代是建筑得以发展的时期，民间住宅艺术在此时期达到空前繁荣。

早在战国以前，《周礼》、《仪礼》等书中就明文规定礼仪制度，但到了隋、唐、五代，对于宅第制度的重视才达到非常严格的程度，一切设施都有具体的等级差别和礼仪制度。贵族宅第的大门采用乌头门形式。《唐会要·舆服志》

安徽省歙县
民间住宅 / 左

明代民间住宅至今仍有许多实例存在，有些规模的确很大。由于制砖手工业的发展，砖结构的民间住宅比例大为提高，许多民间住宅虽仍是大木结构，但砖砌墙体把木柱都包在墙体内，使民间住宅的外部造型发生变化。

安徽省歙县
某宅天井 / 右

皖南民间住宅的天井一般不大，地面都用石板铺砌，便于清洗。皖南民间住宅和润阴凉，高雅深邃，使人产生纤尘不染和隐逸闲适的感觉。

载："五品以上堂舍不得过五间七架，厅厦两头。门屋不得过三间两架。仍通作乌头大门。"一般宅第，如汉代楼阁式的建筑，在唐代已日趋衰退。

隋代展子虔的《游春图》中描绘了乡村住宅，有房屋围绕、平面狭长的四合院，周围环境绮丽而幽静，屋面举折展露出苍劲遒媚之姿。木篱茅屋的三合院，布局十分紧凑，院落正立面的木篱墙空透玲珑，松风吹拂的飒飒声可直入厅堂。建筑流露出悠然自得的神韵，像白居易的庐山草堂那样清淡飘逸。

《旧唐书》中有许多对贵族住宅的详细描写。从莫高窟唐代壁画中我们可以看到图画形象，院落中回廊曲折环绕，屋面细瓦密缝，抑扬起伏。白居易的《伤宅》诗云："谁家起甲第，朱门大道边。丰屋中栉比，高墙处回环。累累介七堂，栋宇相连延。"通过这生动的描述，豪门宅第的华艳富赡景象已呈现眼前。

值得一提的是，尽管从隋、唐到五代，席地而坐和使用床榻的习惯仍广泛存在，但垂足而坐的习惯却从上层阶级起逐步普及全国。后代的家具类型在唐末、五代之间已经基本具备，室内空间处理和室内设计开始发生变化。到五代时，一些贵族宅第的住宅已和席地而坐的木板地、抽拉门的普通民间住宅迥然不同了。

唐代古城的一派显赫繁华，如今已荡然无存。令人回味的不是其盛衰兴亡，而是那使人揣测忖度的里坊制度。唐长安的里坊虽沿袭汉长安及北魏洛阳的体制，但规模比以前大多了。"坊"即一个四面为高墙，民宅建在墙内，墙外是大街的街区。大坊四面开门，而小坊只在东、西两面设两门。新疆交河城遗址由于雨水极少，因而保存了唐代古城的模样。街道两旁都是高大的土墙，只有小巷内才有"坊"的大门。从门里进去，才能找到窑院的门户。这和中原地区唐城的里坊形式上是一样的。街道整齐庄严，两边高耸的墙壁有一种莫测的神秘，只有脚步声在空中回荡。据记载，夜间坊门是关闭的，只有卫兵往来巡逻。

这种里坊是很古的制度，在隋、唐仍然盛行着，直至北宋汴京才因商业过于繁盛，无法限制夜市而废除。每个里坊的宅第又各有高大的院墙围起。所以那时一个人的家宅，至少有三重墙包围保护着，即城墙、坊墙、宅院墙。而院墙之内又不知经几道院庭门墙，如大门、中门、厅堂等，才能到寝室部分。所以从此建筑看：一方面是为了可以有许多不同性质的安适幽静的院庭供人休息；一方面则是为了防御的目的。墙院的建置，确实给整个城市增添了许多壮丽严肃的面貌，因此也使自然式的园林树木在坊内愈显美丽可爱。

总之，唐代的建筑艺术非常发达，是民间住宅的全面繁荣时期，在艺术上、技术上和规模上都远超过前代，达到高度成熟。清新活泼、富丽丰满的住宅形式，使人感到自由、舒展，耐人寻绎。

北宋废除里坊制度，但宅制上仍限制随便营造。《宋史·舆服志》上规定："私居执政亲王曰府，余官曰宅，庶民曰家。"由于宋画的遗存，我们可以看到更多住宅的具体形象。宋代民间住宅和唐代推崇的气势刚健的民间住宅比较起来，虽没有以前那种宏大的气魄和力量，但极致平淡天然之美，可以看出人们对于"萧条淡泊之意"、"闲和严静"之心的追求。

宋代张择端的《清明上河图》是描绘北宋汴京城内外的一幅工笔画，表现逼真。图中所绘城外的农宅比较简陋，有些是墙体低矮的茅屋，有些以草葺、瓦葺混合构成一组房屋。城市住宅屋顶采用悬山顶或歇山顶，除茅葺瓦顶外，正面的披檐多用竹棚，使得屋面形式既有锋棱挺拔之峻利，又有空灵飞动之绰约。房屋转角处的结构十分细密精巧，往往将房屋两面正脊延长，构成十字相交的两个气窗。四合院的门屋，常用勾连搭的形式，屋面曲线如珠走盘，有自然流转之致。院内莳花植树，流露出悠然自得和闲适舒坦的气氛。

北宋王希孟的《千里江山图》所绘乡村景色中有许多住宅，一般都有院落，多用竹篱木栅为院墙。设有各种形式的大门，并设左、右厢房，而民间住宅的主要部分一般都是由前厅、穿廊和后寝所构成的工字屋，不过这种形式现在已极

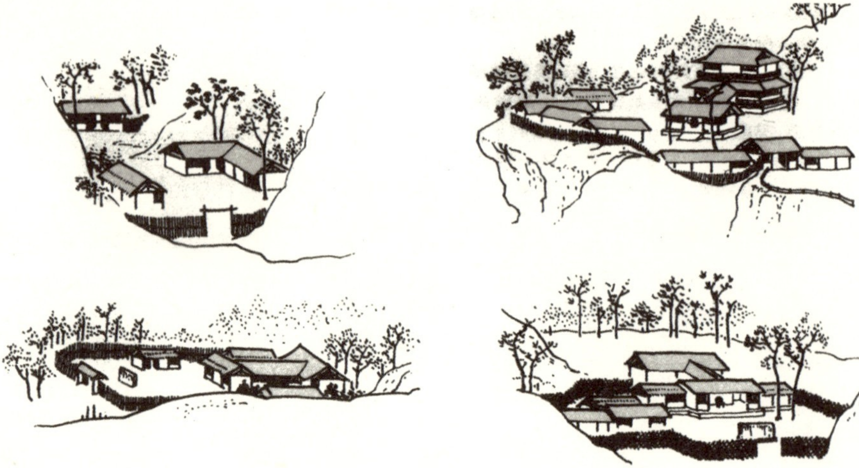

小型住宅

中型住宅

少见到。有的住宅大门内建照壁，前堂左、右附以夹屋，展露出悠然的韵味和不尽的意蕴。

贵族官僚的宅第外部建乌头门或门屋，而后者中央一间往往用“断砌造”，以便车马出入。为了增加居住面积，院落周围多以廊屋代替回廊，因而四合院的功能与形象发生了变化。这种住宅的布局仍然沿用汉以来前堂后寝的传统原则，但在接待宾客和日常起居的厅堂与后部卧室之间，用穿廊连成丁字形、工字形或王字形平面，而堂、寝的两侧尚有耳房或偏院。房屋形式多是悬山式，饰以脊兽和走兽。北宋时虽然规定除官僚宅邸和寺观宫殿以外，不得用斗栱、藻

大型住宅

村落

宋王希孟《千里江山图》乡村住宅示意图

井、门屋及彩绘梁枋，以维护封建等级制度，但事实上有些地主富商并不完全遵守。

两宋时期，垂足而坐的起坐方式终于完全改变了商、周以来的跪坐习惯。桌椅等坐式日用家具在民间已十分普遍。民间住宅随着家具也相对地产生变化，室内的干阑地板地面变为泥土地坪。由于坐式家具的广泛使用，房屋由原来的低矮尺度、宽深空间变得高瘦挺拔，窗棂高度也相对地提高。唐代席地而坐的住宅形式只有朝鲜族民宅保留至今。

在家具的造型和结构方面，这时期出现了一些突出的变化，首先是梁柱式的框架结构，代替了隋、唐时期沿用的箱

安徽省黟县宏村民间住宅

许多皖南民间住宅完全保持明代民间住宅的风格，其墙面墁石灰，墙顶覆以蝴蝶瓦，门窗多为原木色。色调以白色为主，深灰色为辅，予人朴素宁静的感觉。外观上多用水平形的高墙封闭起来，山墙高出屋面以上，做成阶梯形式。入口处的水塘(月塘)使住宅在总平面上产生围合感。

形壸门结构。其次，大量应用了装饰性的线脚，丰富了家具的造型。这些造型与结构的特征，都为后来明、清家具的进一步发展打下了基础。

这一时期，文人士大夫的美学思想日益成为统治的主流。其主要特征是追求一种平淡天然的美。这种美的趣味和理想，与上层统治阶级（特别是宫廷贵族和门阀士族）以富丽堂皇、雕琢虚饰为美是很不相同的。这一点在民间住宅与官式建筑的区别上尤为明显，并影响后世。以后，民间住宅与官式建筑的区别更大，风格更加不同。

宋代民间住宅可以说是平易隽永，淡泊含蓄，具有典雅、清丽的艺术风格。屋脊由中间至两侧而逐步升起，屋面自然形成凹形。建筑以朴直的造型取胜，很少有繁缛的装饰，使人感到一种清淡的美。

山西省霍县许村朱宅

传统民间住宅虽然受到“法式”、“则例”的限制，不能漆涂彩画和设置斗栱，但部分建筑仍装饰精美。图中朱宅格律精严，门上的圆拱，下面的方形门窗，意寓“天圆地方”。雀替上的木雕纹样“错采镂金，雕绘满眼”；额枋上的檐口砖雕，形象丰富，立体感强。木雕与砖雕浑然一体，实墙与飞檐交相辉映。

明清时期的民间住宅

明代民间住宅的规模远胜前人，由于宗法制度盛行，大家庭很多，如三世同堂、四世同居共财者的确不少，一切家族纠纷由家祠处理。明代民间住宅至今仍有许多实例存在，有些规模的确很大。明代由于制砖手工业的发展，砖结构的民间住宅比例大为提高，许多民间住宅虽仍是大木结构，但砖砌墙体把木柱都包在墙体内，使民间住宅的外部造型发生变化。立面由突出木结构的美转向突出砖结构的美。

明代虽仍继承过去传统，制定严格的住宅等级制度。但不少达官富商和地主不遵守这些规定，屋宇多至千余间，园亭瑰丽，宅院周匝数里，文献上有不少实例记载。现存明代住宅，如浙江东阳官僚地主卢氏住宅数代经营，成为规模宏阔、雕饰豪华的巨大组群。安徽歙县、黟县现存一批住宅以精丽著称，装修缜密，彩画华艳，完全超出《明史·舆服志四·室屋制度》上的有关规定。

明代还出现了我国已知最早的单元式楼房。福建省华安县沙建乡上坪村的齐云楼，是一座椭圆楼，建于明万历十八年（1590年）；花岗石砌筑外墙的圆楼升平楼，建于万历二十九年（1601年）。这两座楼都是大型土楼，中心为一院落，四周的环形建筑被划分为十几个和二十几个单元，每个住宅单元都有自己的厨房、小天井、厅堂、卧室、起居室、楼梯，独立地构成一个生活空间。据宗族谱记载，齐云楼的历史可以追溯到明洪武四年（1371年）。换言之，我国早在六百多年前就出现了单元式楼房，中国民间住宅完全可以和欧洲传统住宅媲美。

明代住宅现存的类型很多，主要有窑洞、北方四合院、南方封闭式院落、福建土楼、南方干阑楼居和云南一颗印式住宅等。

总之，明代建筑恢弘清丽，较前代远为进步，各地民间住宅的基本形式已经形成。强调平淡天然之美，重视人们内在心灵的自由，是民间住宅的主要特点。在当时制度所准许

清代住宅室内家具布置示意图

由西次间看明间

的范围内，民间住宅使个人审美的情趣和要求获得较为自由的发展，而且或多或少地突破了当时伦理道德的束缚。明代民间住宅的艺术特色是造型洗练，端庄敦厚，庄穆质朴。可以用素雅豪放、情致雅逸来作概括，极富于抒情性。

清代的夯土、琉璃、木工、砖券等技术都得到很大的发展，但民间住宅在建筑形式上没有大的突破和创造。自明中叶至鸦片战争期间，民主主义开始萌芽，虽然限于东南地区少数地方，而且发展缓慢，但终究对中国社会，特别是意识形态产生深刻影响。随着商品经济的发展，平民阶层不断地扩大和活跃，社会生活的风尚和爱好也发生明显的变化，贵族正统意识开始受到怀疑和冲击。人们追求生活的富足、艺

鸟瞰图

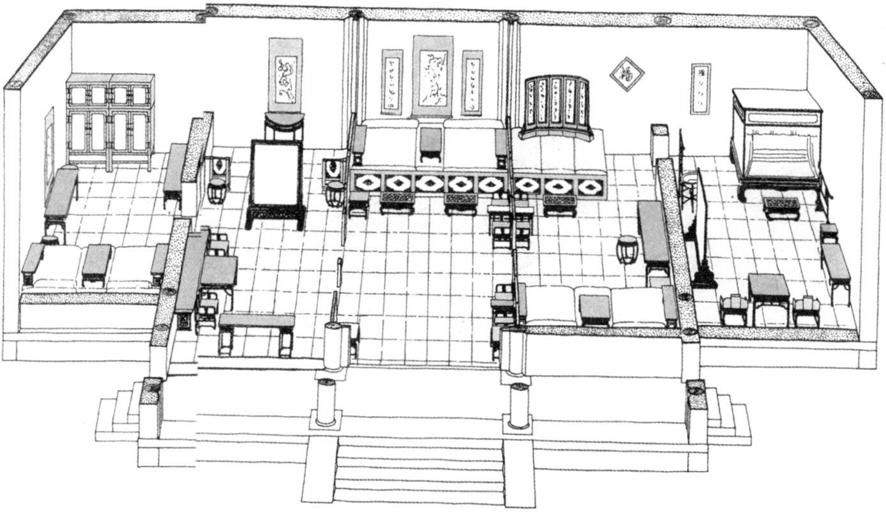

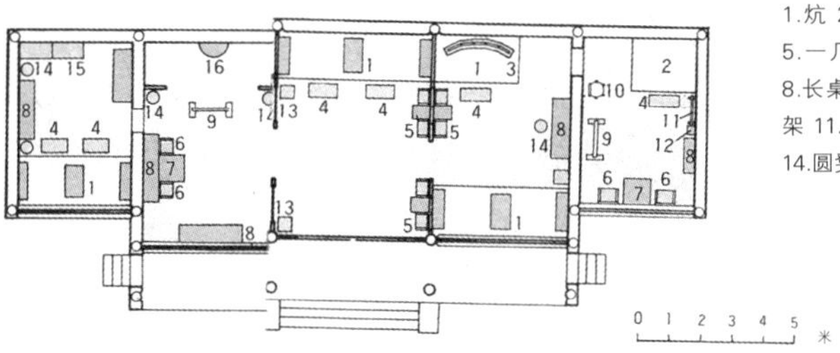

1.炕 2.床 3.炕屏 4.脚踏 5.一几二椅 6.椅 7.方桌 8.长桌 9.穿衣镜 10.脸盆架 11.衣架 12.几 13.方凳 14.圆凳 15.立柜 16.半圆桌

术的秾丽，表现在民间住宅上就是注重装饰，有些装饰走向过分繁缛。

民间住宅史上，宋、金、元各代在房屋木构架和造型上有过不少新的尝试。民间住宅中的月梁，门屋的“断砌造”，屋架的不对称连接，穿廊组成的工字形、王字形平面等，都使建筑在总体感觉上产生灵活感。然而明、清民间住宅的大木结构形式逐步简单化、定型化。中原地区许多屋顶柔和的线条轮廓消失，呈现出比较沉重、拘束、稳重、严谨的风格。尤其是清代康熙、雍正年间，民间住宅家具装饰风甚浓，豪华宅邸从额枋至柱础都有雕刻。硬山式建筑山墙上的山花镂刻精美，且图案复杂，檐下走廊的

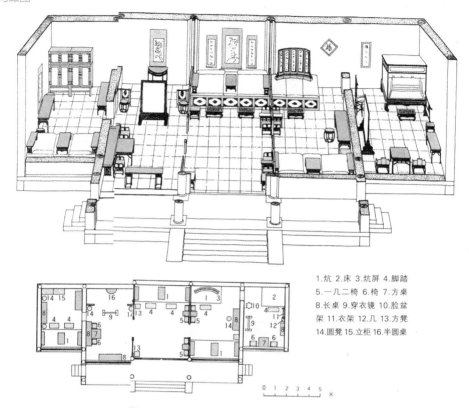

北京西四北三条23号住宅

北京四合院的住宅形式在我国有着非常悠久的历史，目前发现最早的四合院遗址是西周时期所建，至今已有两千多年的历史。图中住宅是一座保存较好的四合院；正面是西厢房，右面是正房，左面是垂花门和游廊。

两端一般都设水磨砖墙，南方民间住宅甚至在封火山墙的变化上大做文章，使建筑产生瑰丽荣华的感觉。北方四合院的垂花门为浓墨重彩的图画，缠绵悱恻，风流蕴藉。清式家具结合民间住宅的室内装修，繁琐华贵的艺术风格强烈而统一，使人目不暇接。

清代民间住宅的艺术特点是形式绚丽多彩，技艺纤巧精湛。装饰的重点在门窗、额枋、柱础、山花等处。其雕琢气较重，有时难免产生繁缛堆砌之感，但其建筑技术水准远超过前代。清代民间住宅现今保存下来的实例非常多，有的十分完好。

明、清家具的特征，首先是用材合理，既发挥了材料性能，又充分利用和表现材料本身色泽与纹理的美观，达到结构和造型的统一。框架式的结构方法符合力学原则，同时也形成优美的立体轮廓。雕饰多集中于一些辅助构件上，在不影响坚固的前提下，取得了重点装饰的效果。因此，每件家具都表现出体型稳重、比例适度、线条利落、端庄而活泼的特点。

我国民间住宅建筑从先秦发展到20世纪初，其基本特

北京东城区礼士胡同某宅

北京四合院的布局不仅讲究尺度与空间，而且按中轴线东、西两侧建筑对称，房舍、院落在整齐中见变化，于简朴中显幽雅。在这里不难感受到运作有序、长幼有别的中国传统伦理观念。如此一来，北京四合院俨然是一个对称平衡、严分内外、层次井然的家族结构。图中正面是东厢房，右面是游廊和入口。

点始终是以木构架为结构主体，以单体建筑为构成单元。尽管随着历史的推移，在不同的朝代、不同的地区具有不同的风格和特点，但总体而言，住宅的这种格调变化没有太大的突破，形成不同于西方传统住宅的独特体系。民间住宅具有浓郁的中国传统文化特色，显露出中国哲学思想的内涵。

此外，中国民间住宅对中国官式建筑的发展，产生很大的推动作用。官式建筑的许多设计手法，都是直接从民间住宅设计中吸取的。民间住宅由于受到“法式”、“则例”(尤指宋《营造法式》和清《清工部工程做法则例》)的限制较小，所以能不断创新。在功能上注意明确性，布局上采取灵活性，材料上具有伸缩性。

综上所述，我国民间住宅建筑由于历代人民的不断创造、发展，才有今天这样丰富的内容和多姿的面貌，其经验是十分宝贵的。我们必须不断地努力发掘古代遗产，虚心研究，使中国民间住宅的艺术手法和文化传统，进一步得到继承和发扬。

民间住宅的建筑形式

——宅居融民情，风韵会地理

贵州省雷山县西江区千家寨民间住宅

南方山区的村镇往往竖向布置，形成层层交叠的构图。千家寨是一个侗族山寨，其建筑都是干阑式楼阁，屋顶有歇山，也有悬山，有仰合瓦屋面，也有树皮屋面。楼内皆设火塘。当地居民一般都用竹筒将山泉从远处引入山寨，然后再用竹筒分引至各家门前。这种方法称为“竹筒分泉”。

经过历代的发展，中国传统的居住建筑形成了以木构架的地面房屋为主，并由这些房屋从四面围成院落的主要形式。除此之外，还有其他许多种不同的建筑形式。有些居住建筑形式在世界上是绝无仅有的。就中国传统建筑的平面分类而言，也是相当丰富的。

平面分类

空间序列是建筑的艺术魅力之一，而空间序列的构成又是由建筑平面所决定的。中国民间住宅的平面布局显示一种特有的空间美感，以平面的变化显露出内涵的丰富性和性灵的神奇美。因此，民间住宅的平面模式具有相当的多样性。给人的审美享受有的是雄浑厚重，展现阳刚的气度；有的是诡奇神秘，表达空茫的意念；有的是泼辣潇洒，抒发浪漫的情怀；有的是稚拙天真，显示自然的意趣。然而，这些美感可以使人明确地感到，民间住宅在平面处理上有自己一种特有的质朴而单纯的语言，不仅对方、圆、矩、环这些简单形式进行巧妙组合，尤为独到之处还在于赋予新的观念于建筑语言所能表达的情感中。经由以下的叙述，我们可以明确地感受到民间住宅在探求审美本质与永恒的超卓力量，以及在平面形式的探求中创造出迷人的魅力。

1. 横长方形平面

横长方形平面是中国小型住宅中最基本的形式。院落住宅就是由一个个的横长方形住宅组合而成。横长方形住宅在民间住宅中数量最多，结构式样也各具特色，横向发展的规模从一间到六七间不等。在平面布局上，为了接受更多的阳光和避免遭受北方寒流的袭击，故将房屋的横面朝南，门和窗都设在南面。面阔一间或两间的小型住宅，门窗位置与室内间壁的处理比较自由。三间以上多以明间为中心，采取左右对称的方式。以七间为例，各房间名称从中至左、右排列如下：明间(堂屋)、次间、梢间、尽间。换言之，横长方形平面是平淡中蕴含深永情味，朴素中具有天然风韵。

2. 纵长方形平面

纵长方形平面多以小型住宅为主，这种平面面阔窄而进深大。北方农村中夏季看守农作物的临时小屋和云南的一些

福建省漳浦县深土镇锦江村锦江楼

分为三环：内环最高，有三层，建于乾隆五十六年（1791年）；中环高两层，建于嘉庆八年（1803年）；外环高一层，建筑年代更晚。锦江楼的正面设有瞭望楼，瞭望楼高出楼层一层，所以从正面看去，锦江楼有强烈的防御感。

民间住宅平面类型图例

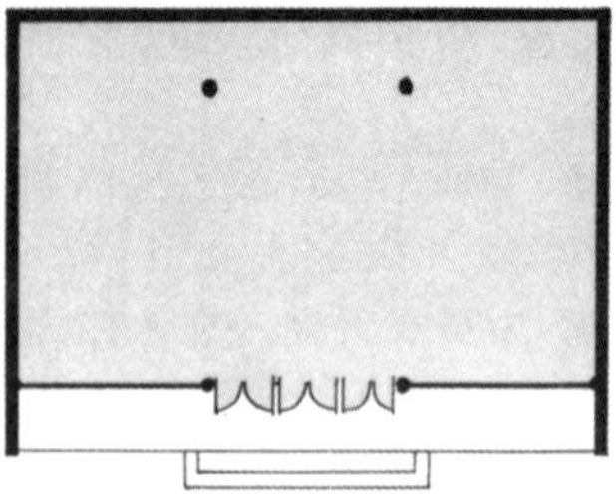

横长方形

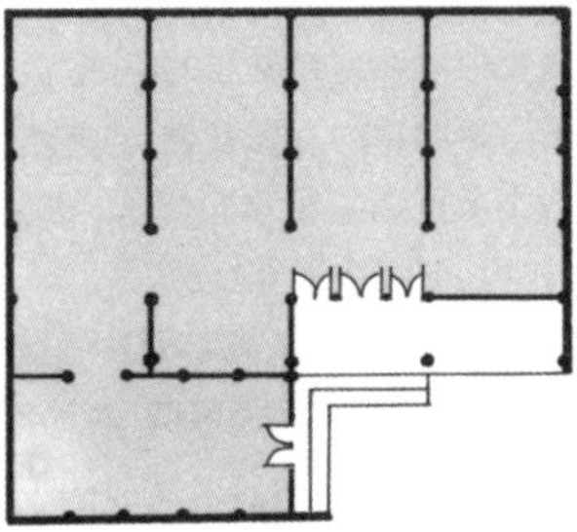

曲尺形

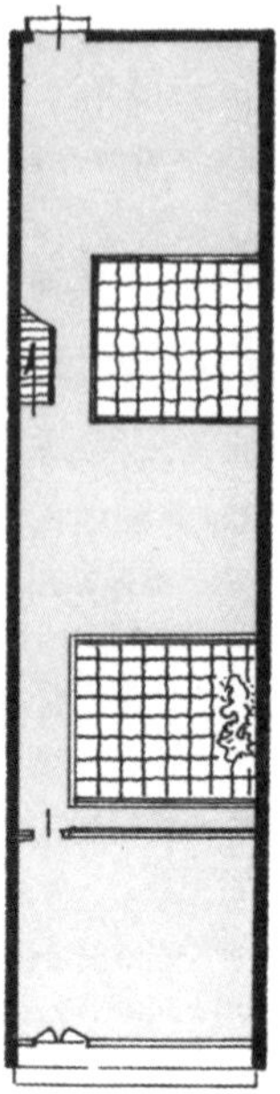

纵长方形

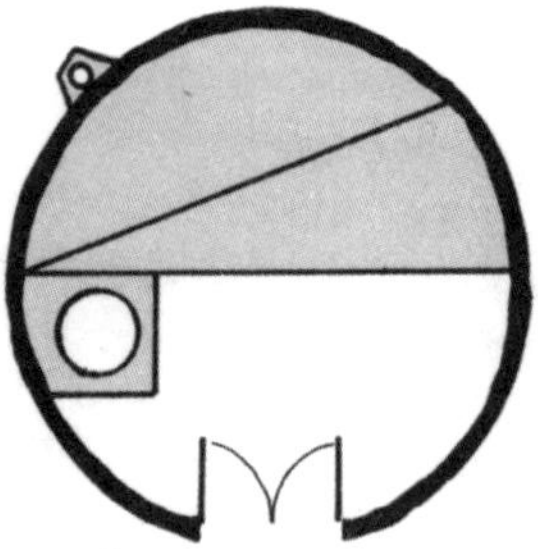

圆形

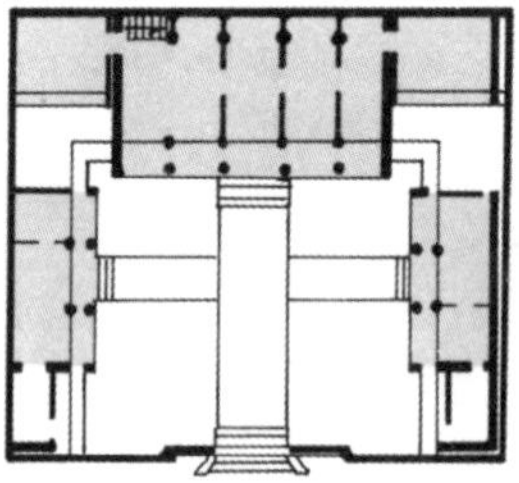

三合院

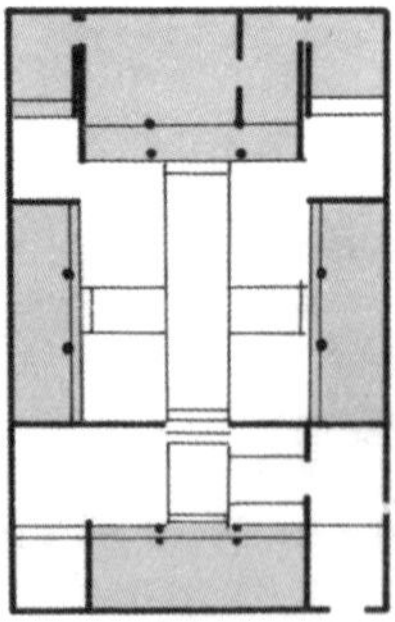

四合院

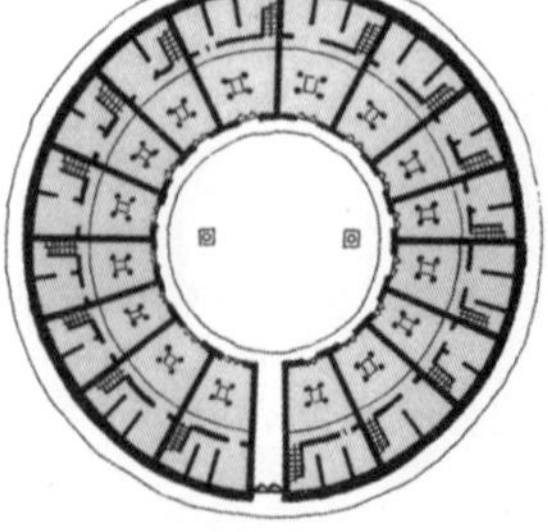

单元式环形

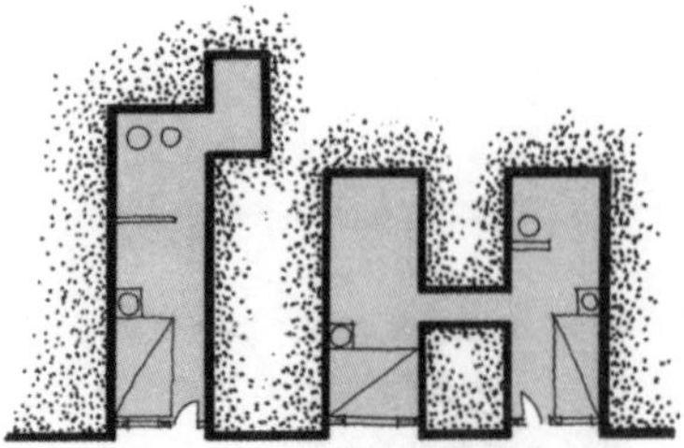

穴居式

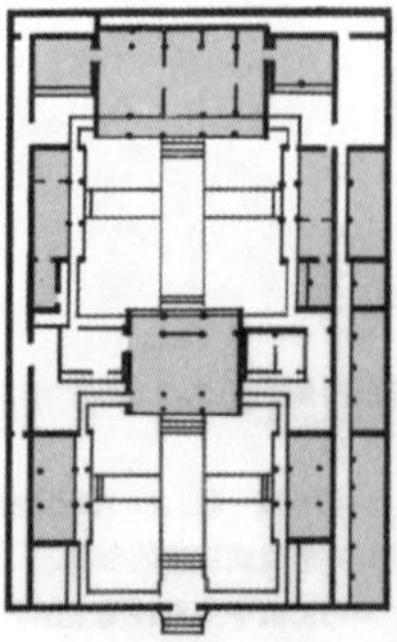

三合院与四合院混合体

干阑式民间住宅就属于此类。在手工业者的作坊和小型店铺聚居的城镇街道中，由于临街面积狭窄，平面也是纵长方形；临街一面为作坊或店铺，中间为起居室，后面为厢房。在农村中，尤其在江南，民间住宅也多是纵长方形平面。除通风采光欠佳外，还比较紧凑适用。但这种平面不适合宗法社会的生活习惯，所以始终限于小型住宅。纵长方形平面贵在其简洁，即外枯而中膏，似淡而实美。

3. 曲尺形平面

曲尺形平面呈L形，属于小型住宅。据沂南古画像石可知，东汉末期已有曲尺形平面。曲尺形平面内含艺术的丰富感，活泼且多元，意清而情挚。它的平面布局，有封闭式和非封闭式两种。住宅周围没有围墙的形式是非封闭式，周围封闭起来的为封闭式。曲尺形平面形体上富有变化，不受法则的约束，完全反映出这种现象：使用者的经济水准愈低，所受宗法社会的影响也就愈少。曲尺形平面别致优雅，异于一般平面布局，在迂回曲折中流露落拓风尘之感。

4. 圆形平面

圆形平面也属于小型住宅。圆作为平面，本身就给人灵秀隽永的美感，圆形的民间住宅自然更能唤起一种酣畅的心境。圆形平面多分布在内蒙古东南地区，就形式而言，无疑是由蒙古包演变而成。入口一般设在南面，墙上仅开一两个小窗。平面与外观仍保持蒙古包的形式。室内土炕几乎占全部面积的二分之一，炕旁设小灶作炊事与保暖之用。在此基础上，又发展出两种变体。一种是在圆形房屋的旁边加建一间长方形房屋，作起居与炊事之用；另一种是在两个圆形房屋之间，连以土墙，成为并列的三间房屋，但各有入口，不相混淆。圆形平面虽不多见，但明快又饶有情致，在平面形式中很有特色。

5. 三合院平面

如果说单体建筑的浓郁趣味出自于清淡朴拙，那么院落住宅的丰富内涵则在其宛转错落，起伏激荡。

三合院是农村中一种十分普遍的住宅形制。根据住户不

河南省下沉式窑洞

中国传统建筑形式多为大木结构，屋顶的形式比较单一，而下沉式窑洞是世界上极其稀少的一种建筑形式，作为一种文化遗产，其价值是相当高的。地下建筑的优点在于不必每隔十至十五年就要翻新屋顶，也无须顾虑风霜雨雪的侵袭。防火性佳，抗震性强，还能防御放射性物质对人体的侵害。

同的经济条件，形成屋舍大小、形式各异的三合院。三合院是规整和对称住宅中基本平面之一。院落是中国民间住宅别于西方的主要特点之一。西方一般将主要建筑暴露出来，我国则将主要建筑封闭起来。西方民间住宅多为集中式构图，我国则分散为多重院落的平面。多重院落经常应用在我国各种建筑上，因为院落的确有其优越性，故历久沿用不衰。

三合院住宅在平面上标准形体的布局虽然比较简单，但其变体很多：(1) 以一个横三合院与一个纵三合院相配合；(2) 以两个方向相反的三合院组合成H形；(3) 前后两个面阔一大一小的三合院重叠如凸形；(4) 在三合院周围配以附属建筑，构成不对称平面。

单层三合院有封闭式和非封闭式两种基本平面，以及由这两种平面组成的混合体。小型三合院平面紧凑，通常不封闭，做成敞口，便于家庭副业生产以及大型农具的出入。

二层或三层以上的三合院平面几乎都属于封闭式。有的全部用楼房；有的仅主要的北屋用楼房，东、西厢房仍为平房。它的分布范围多半在南方。三合院封闭后，马头墙、山墙及女儿墙往往高低错落，长短交替，使院落形体在简单的长方体上缘产生线条飞动之感。观之气势宏大，繁华缭乱。

6. 四合院平面

各个社会都有以富为美的倾向，中国宗法社会中的人们尤为如此。四合院就是融富贵豪华与气派威严为一体的平面。四合院至少已有两千年的历史，建造和使用这种住宅的人一般具有丰裕的经济基础。它的分布范围遍及全国，随着各地区的自然条件与风俗习惯而产生各式各样的平面和立面，所以其规模与内容自然居中国民间住宅的首要地位。总而言之，四合院的主要特征是对称式平面与封闭式外观。

四合院住宅的平面布置，可分为两种：第一种，大门位于中轴线上。这种形式比较自然，大抵分布于淮河以南诸省与东北地区。第二种，大门位于东南、西北或东北角上。这种形式以北京为中心，散布于山东、山西、河南、陕西诸省。这种大门不在中轴线上的四合院是受北派风水学说的影响而形成的。这种学说认为住宅不能像宫殿庙宇那样在南面中央开门，应依先天八卦(即伏羲八卦)将大门开在东南角上，路南的住宅大门则位于西北角上。因为西北方是艮卦，艮为山；东南方是兑卦，兑为泽。这种设门的释义为“山泽通气”。东北方是震卦，震为雷；这是次好方向，必要时可以设门。但西南方是巽卦，巽为风；这是凶方，一般不开

陕西省米脂县城西大街37号独立式窑洞

独立式窑洞是一种掩土的拱形房屋，有土墼土坯拱窑洞，也有砖拱石拱窑洞。这种窑洞不需要靠山依崖，能自身独立，而且不失窑洞的优点。

门，而设厕所于此。

中国民间住宅孤立的平面韵味不浓，组合的平面却基调厚重，形象丰满动人。在群体的序列推移中，讲究院落的长宽格局。至于屋宇的高矮搭配、庭廊的穿插组合、门户的安置对应都颇富有哲理。

7. 三合院与四合院的混合体平面

“庭院深深深几许”这句话使我们在多重院落中体会到纵深序列的“诱导”作用。三合院与四合院的混合体平面在组织空间序列方面的“诱导”作用，远超过其他形式。这类平面是构建大型住宅的基本单元，由为数不等的四合院与三合院平面构成。在这类形制的住宅中，常配以花园、祖堂及藏书楼，造成曲折变化的平面序列。人们步入其中，平面尽其姿媚，穷其变化，完全可以感受到步移景异的艺术效果。

8. 环形平面

第一次看到这种平面，人们会以为是体育场，它的确和古罗马竞技场有相似的平面。这种环形平面主要分布在福建南部与西部。环形平面有两种基本形式：一种是单元式平面，一般为两环相套的平面，其平面被划分为十几个或二十几个单元，每个单元都呈扇形平面，两环平面之间是小天井。另一种是内通廊式平面，即平面不做单元式分隔，仅是大小相同的一个个房间。内通廊式平面有一环建筑，中间为一个空敞庭院；还有两环或三环相套的内通廊式平面，最大的在三环建筑中央再建一个厅堂。环形平面是中国民间住宅中一种最奇特的平面形式。

9. 穴居平面

当站在奔腾的黄河边，听到陕北民歌的悠扬曲调，便很自然地想到穴居住宅(窑洞)以及那里的人们憨厚的性格。穴居住宅主要分布在河南、山西、陕西、甘肃诸省。这个区域雨量少，木材缺乏，黄土层相当深厚，最大厚度达300米。平面不外乎王字形、H形、L形、十字形和一字形五种形式。在下沉式窑洞中，尚有天井存在，有的还构成窑洞四

河南巩县窑洞住宅平面 · 剖面图

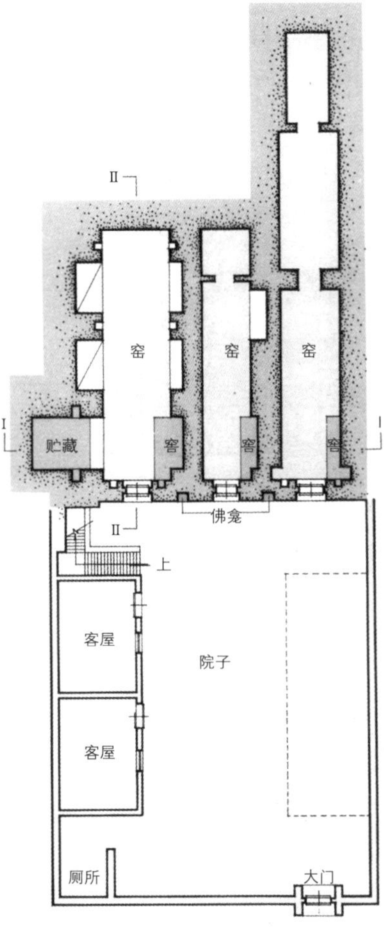

一层平面图

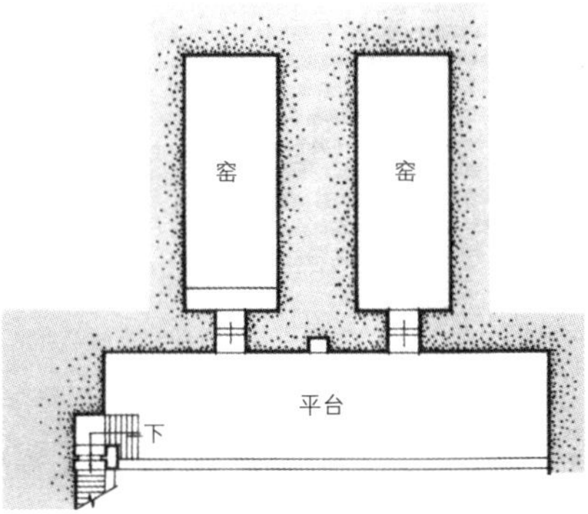

二层平面图

Ⅰ—Ⅰ剖面

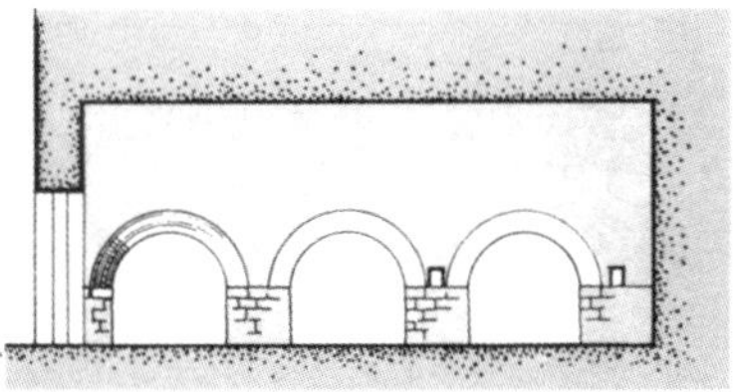
Ⅱ—Ⅱ剖面

合院。生活在窑洞中似乎处于一种极度宁静的状态，外界不存在任何刺激，一派恬淡自然的意蕴。那古朴粗犷的穴居住宅，犹如广袤千里高原沟壑中的一朵朵小花。

吉林省延边龙井某朝鲜族偏廊式住宅

朝鲜族住宅的前面设有廊板。廊板的来源可远溯到我国古代建筑，在建造宫殿时常常采用小短柱作为台基，以成组的小短柱作为台基与基础，既可通风，又可防潮。朝鲜族住宅外观十分雅致，主要屋顶坡度缓和，屋身平矮，没有高起陡峻之感。

综上所述，中国民间住宅的单体建筑平面形式简单，而群体组合后的变化很多，产生许多复杂的平面形式。尤其是环形平面，是世界住宅的平面形式中独具特色和最为奇异的一种，氛围静谧幽雅，含蓄蕴藉，尤为建筑师所称赏。

形式集合

中国是一个幅员辽阔和地形、气候相当复杂的多民族国家，所以自古以来各地住宅建筑具有多种类型。“三里不同俗，十里改规矩”，从大环境来说，一个地区与另一个地区的民间住宅常迥然不同，但变化往往是渐进的，而一个区域与毗邻的另一个区域的差异则相当微妙。这与宗法观念、风水环境、民俗乡习都有关系。在同一地区内，民间住宅的形式大同小异。但在气候、地理条件或民族不同的毗邻地区内，民间住宅的变化很大，形式也就完全不同。

1. 东北民间住宅

东北的气候严寒，所以住宅多喜向阳。正房前面常用大庭院，以接纳更多的阳光。这种民间住宅具有强烈的地方特色，不同于关内的住宅。冬日，天空莹白，无边的雪地竟变得有点浅蓝，遥远的苍山下是一片白屋。走进屋内，冷峻孤独之感顿时消失，熊熊的火焰，暖暖的热炉，温馨舒适，深情绵邈。

吉林省延边龙井某朝鲜族住宅内厨房

朝鲜族住宅内厨房设在整个房屋的中间，厨房的一侧是居室，另一侧是草房。厨房的面积约占一个房间；锅台平面与地面高度相等，烧锅的火炕深入地下，极具特色。

东北民间住宅常用平屋顶，在檩上置椽铺草巴或秫秸，上面铺硷土、灰土等。有的民间住宅是在屋顶加砌三面女儿墙，前面留一部分小的斜坡屋顶，如同虎头向前伸张，故当地人称此种住宅为“虎头房”。虎头房是富裕人家为适应强风的自然环境，同时适当地美化房屋而产生的艺术效果，构思新巧，颇有特色。女儿墙面有各式透珑花格，精致的纹饰，令人赏心悦目；如一幅画的点神之笔，费墨不多而画面清晰鲜明。虎头房优美和谐，富有生机的造型充满了浓郁的生活气息。

在突兀秀拔的长白山下，沿边界住着朝鲜族。他们依山傍水开发大量水田，世代在这里生息、繁衍。朝鲜族民间住宅保持着我国唐代以前民间住宅的风格，日本民间住宅的形式与此相近。屋顶常为四坡水。房前均有廊，进屋时把鞋靴脱在廊上，赤脚进屋。居室则是白天做起居室，夜间即做卧室。室内处处可以席地坐卧。在这里，我们可以领略到唐代以前我国人民盘膝而坐的生活习惯。在东北严寒地区，一般民宅做厚砖墙、土墼墙以防寒冷，而朝鲜族民宅则以薄墙、大面积火炕的做法御寒。到了夏季，就显示出它的适用性。朝鲜族民宅绝大多数没有院落和围墙，人与人之间的关系亲善和睦，视为一家。

2. 江浙民间住宅

与宽敞的东北民间住宅相对的是紧凑的江浙民间住宅。浙北与苏南位于太湖流域，这里气候温润，无严寒酷暑，只是梅雨季节较长。在这种良好的自然条件下，房屋多朝南或东南。江浙民间住宅多木架承重，屋脊高，进深大，防热通风效果好。在平面的处理上尽可能采用小天井及前后开窗的做法。门窗基本上采用低的槛窗及长槅扇窗。

江浙民间住宅无论是造型还是平面处理,变化繁多,质量普遍很高。江浙民间住宅以不封闭式为多,平面与立面的处理非常自由灵活。与其他地区一样,经济条件好的人家,其住宅在平面上采取对称布局,四周以高墙封闭,并附以花园、祖堂,造成曲折变化、主次分明的平面布局。木架结构用正规梁架,厅堂也用“草架”。建筑力求采用高级材料,细部装饰华丽,建筑面积广大。江浙民间住宅棱角笔直,严格精确,没有笨拙臃肿、敷衍堆砌、形象粗糙之感。精湛的施工技术,使建筑生色不少。

在江南不用登楼，在桥上便可俯瞰全镇，蔚为大观。淡雅的水边建筑、一座座横跨河面的小桥是那么柔和幽静，隐含着微微飘浮、缓缓流动的意态。

江浙民间住宅不仅外形优美，室内设计也非常细腻。内墙作灵活隔断，充分利用室内的各个空间，室内自然产生复杂的空间层次。由于江浙地区经济富庶，居民的文化素质高，所以江浙民间住宅素雅、高洁，既深稳又绵邈。

3. 福建民间住宅

福建属东南丘陵地带，境内崇山深谷，树木苍郁，气候温暖湿润。山间盛产木材，松、杉、樟、柏等皆有出产，给当地建筑带来有利条件。福建民间住宅大量使用悬山式人字屋顶。在平面成90° 的正房与耳房相连接时，很多是用悬山叠落接连 (即老鹰接连的方式)，外观绮丽灵活。福建民间住宅的封火墙变化颇多，尤其是悬山顶与封火墙的相互组合，神妙独到，少有雷同。

只要坐汽车从福州到厦门，沿途就可觉察到福建民间住宅规模大、变化多、细部精的特色。福建民间住宅保留许多

浙江黄岩县黄土岭住宅平面·剖面图

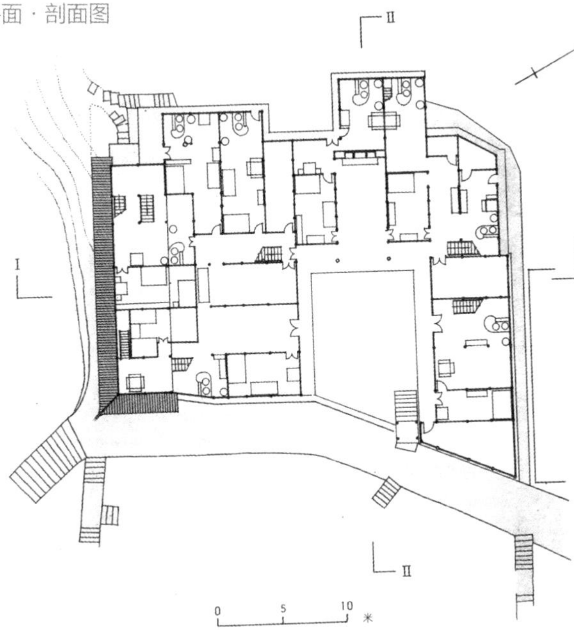

平面图

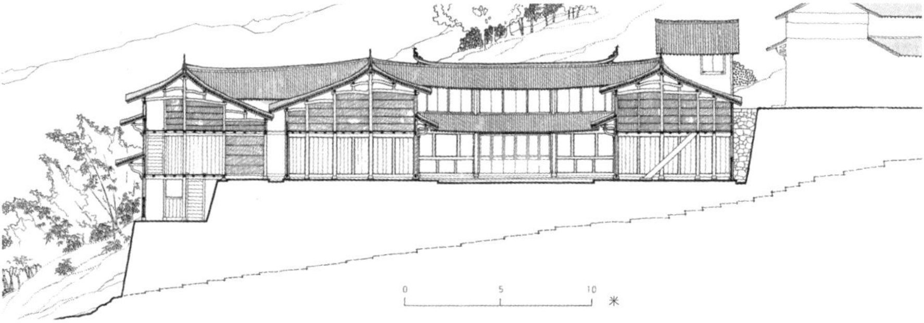

Ⅰ—Ⅰ剖面

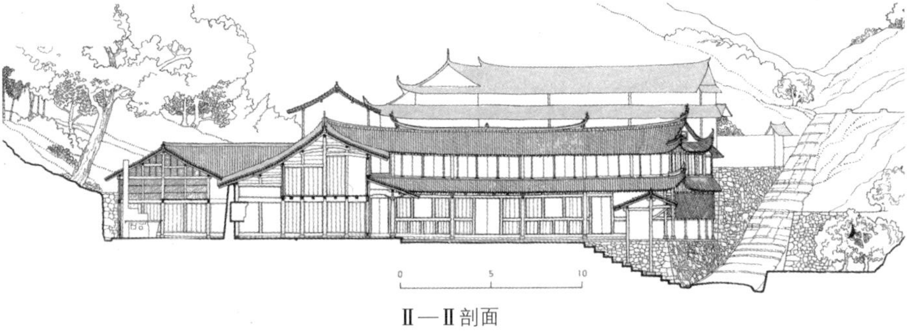

Ⅱ—Ⅱ剖面

福建省漳浦县清晏楼

福建土楼中比较奇特的就是四个角带耳、平面呈风车形的万字楼。万字楼的高度都是三层，仅平面的大小有区别，正方形平面的四个角各向外突出一个半圆形的碉楼。万字楼在方楼中是防御性和艺术性最高的一种平面形式。

福建省华安县高车乡雨伞楼

雨伞楼位于海拔900米的小山之上，从下面看形似雨伞，故名。雨伞楼共两圈，内、外环都是两层楼，但建筑基础的等高线不一致，内环在山顶上，基础高，外环在山坡上环绕，基础低。雨伞楼的屋顶是大出檐的形式。

福建省华安县大地村二宜楼

二宜楼有以下几个特点。一是大，直径达73.4米。二是墙厚，底层土楼厚度达2.5米。三是单元式设计，全楼分为12个单元，具有现代住宅的优点。四是兼有内通廊式圆楼的特性，每层向院内的一侧都有廊，可以作为家庭的阳台。

福建省永定县湖坑乡实佳村

环形平面是中国民间住宅中一种最奇特的平面形式。图中墙上有壁画的那座方楼左、右两侧都是歇山屋顶，其中一个角改为圆角。按照地理风水的说法，建宅相地首先要寻龙，寻龙后即点穴。根据穴位得位出煞，路有路煞，溪有溪煞，山口有凹煞。当方楼某个角碰上煞气时，为了避煞，便把这个角抹圆，煞气将会顺圆滑走。

宋代曲线屋顶的特点，屋顶上几乎找不到一条直线。从明间开始，次间、梢间屋檐逐一升起，屋顶坡度的举折上，每步举高是逐渐升起的，形成凹势圆和的造型。从屋顶我们可以看出丰富的弧线变化。

在福建的大型民间住宅里，院落中建筑群的处理有很多成就。主要建筑前面的院子最大，其他的较小，以求主次分明。院子的形状力求变化和对比，方形的、纵长的、横长的相互交叉间隔。在可能的情况下，各进院子内建筑物的地平线自前至后地逐步提高，以增加建筑组群的庄严效果。在同一组建筑群中，由于地形或其他原因而不能用一条中轴线一气贯通时，就分成几段连接起来。

福建民间住宅中最有特色的是土楼。方形土楼主要位于福建西南部与广东毗邻的永定县山区内，在南靖县和龙岩县也有。土楼的形成与防御有着密切的关系。客家人是从西晋时期起由黄河中游一带逐步南迁到现在的江西、福建、广东诸省。因朝政腐败，群盗流窜为害，迫使散居在偏僻山区的人群聚族而居，集体防御。于是，由单家小屋建成连居大屋，进而建成多层高楼。方形土楼有五凤楼和普通方形土楼两种。五凤楼式住宅一般由“三堂两落”组成，“三堂”是位于中部南北中轴线上的下堂、中堂和主楼，“两落”是分别位于两侧的纵长方形建筑(当地称为“横屋”)。方形土楼采取左右对称的布局方法和前低后高的外观，而且大多选前低后高的地势。它的外观，正面采取对称方式，侧面却成为高低错落的不对称形状。

小型的五凤楼有的不带横屋，但土墙承重三四层高的主楼是不可缺少的。富岭乡的大夫第是五凤楼式住宅中的佳作。屋顶成功地采取歇山与悬山的巧妙配合。院落重叠，屋宇参差，配以巨大出檐的九脊顶。无论从哪一个角度来看都显出古朴、庄重、壮观的艺术风格。整个建筑群布局规整，条理井然，主次分明，和谐统一。

最简单的方形土楼为口字形。最复杂的外围口字形皆楼高四层，院内的客堂和附属房屋通常仅高一层。当地称为福建民间住宅中最有特色的是土楼。土楼的形成与防御有着密切的关系。方形土楼有单体土楼和普通方形土楼两种。五凤楼式的住宅属于单体土楼中的一种，一般由"三堂两落"组成。三堂即中部南北中轴线上的下堂、中堂和主楼。两落即分别位于两侧的纵长方形建筑。小型的五凤楼有的不带横屋，但土墙承重三四层高的主楼是不可缺少的。

大夫第是闽西永定县千余座五凤楼中比较有名的一座。进入大门就是下堂敞厅，天井是高级石板铺砌而成的。天井的两边是敞过厅。在过厅和中堂正统间之间没有隔墙来设巷道，由于少了一堵隔墙，大夫第的中堂下左右过厅显得特别宽大。穿过中堂进入后面的天井，四层后楼耸立于中堂之后。在外观上，大夫第后楼有点像交椅的椅背，有人称之为交椅楼。大夫第是三堂两落五凤楼的基本楼标准造型。除了后楼筑成四层高为非标准的层数，平面布局则是标准的三堂两落式样。其屋顶采取歇山和悬山式的巧妙配合。整个建筑群布局规整，条理井然，主次分明，和谐统一。

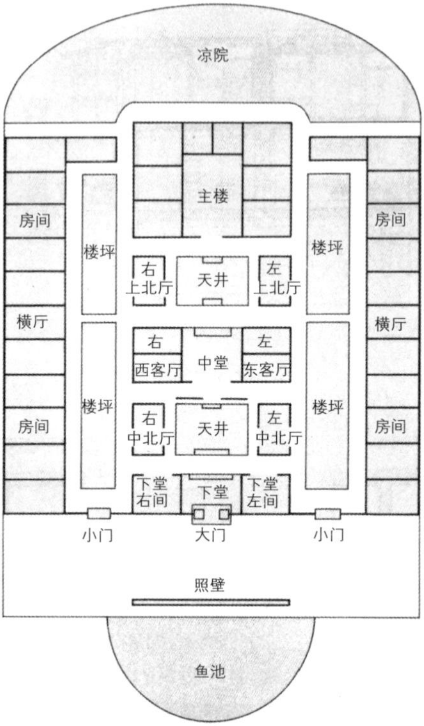

方形土楼——五凤楼(大夫第)底层平面图

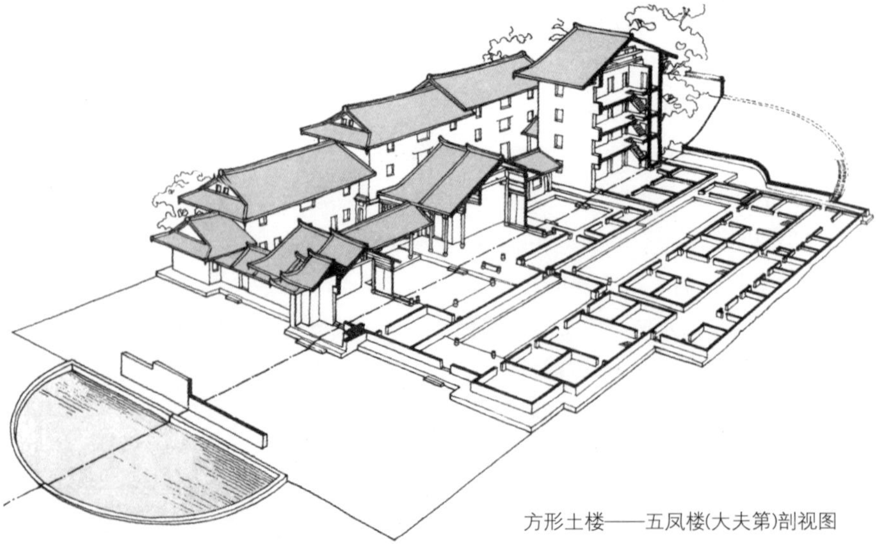

方形土楼——五凤楼(大夫第)剖视图

承启楼位于闽西永定县古竹乡高北村，是福建环形土楼（圆楼）的代表，也是四环大圆寨的典型。楼始建于康熙四十八年（1709年），其坐落之处是客家土楼密布的地区。

承启楼是在同一圆心上环环相套的四重圈建筑。承启楼总面积5376.17平方米，直径73米，外围壁周长1915.6米。最外环四层楼高12.4米，每层有72间。内一环二层，每层有40间。第三环为平房，有32间，最中心一环为祖堂中厅，供族人议事、婚丧典礼及其他活动之用。全楼共有400间房，4部楼梯，3眼水井。外环的敞廊宽约1米，第一层是厨房、餐厅，第二层是仓库，第三、四层是起居室。

承启楼的结构，外墙用厚达1米以上的夯土承重墙，与内部木构架相结合，并加几道和外墙垂直相交的隔墙。在楼顶平墙上，环绕着屋檐伸出约4米的巨大圆形双斜屋面。过去因为安全问题，所以外墙下部不开窗。承启楼外观坚实雄伟，像是一座堡垒。

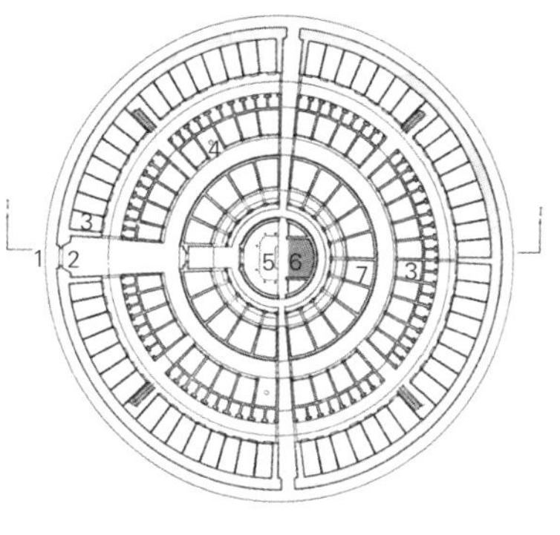

1.大门 2.门厅 3.厨房 4.井户 5.天井 6.祖堂 7.客厅 8.卧室 9.仓库 10.走马廊

环形土楼——承启楼平面图

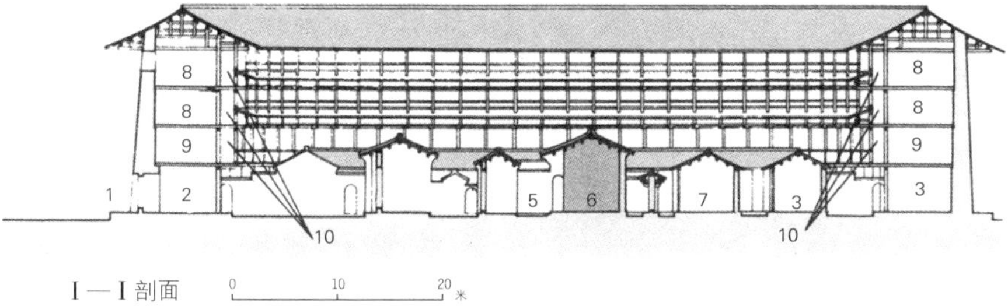

I—I 剖面

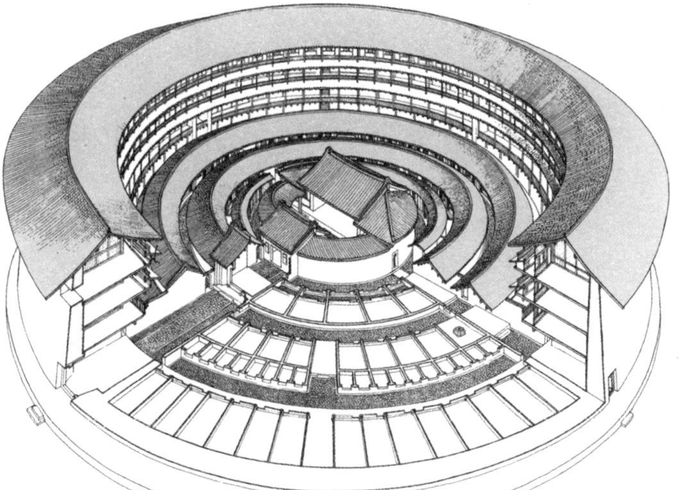

环形土楼——承启楼剖视图

江西省景德镇民间住宅

这组民间住宅着重强调屋檐及墙檐的飞动感，产生进取的效果，打破众多横线的平稳感，使人产生尽力向上的想像。此外，凌空的屋角产生一种悠闲清远的韵致，有飘飘欲飞的艺术效果。

湖南省凤凰县民间住宅

平衡美与和谐美是古典式的静态美感，扭曲美和残缺美是现代式的动态美感。扭曲美和残缺美能使物象迅速进入人们的眼帘，予人强烈的印象。图中的民间住宅在整体构图上是平衡、匀称、协调的，但在具体手法上却因功能需要，突出了作为基础的石砌堡坎；既有均衡、幽静、稳定的古典美，又有突出、夸张、省略，形成重效益的现代美。

“厝”。大门位于中轴线上，在中部附属建筑正对中轴线的地方，设供奉祖先牌位的祖堂，祖堂前为大厅，大厅前为迎宾典礼的地点。

方形土楼具有生动而绝妙的艺术形象：屋顶高低错落的变化，土墙粗犷浑厚的外形。一座座土楼犹如一个个神奇的城堡，从外面看时，意境高远，哲理深奥。从小门进入，里面是另一个世界，充满浓郁的生活气息，有的楼房层层出挑，阳台上晒着衣物。给人们的印象是层次清晰而富于节奏，尺度紧凑而不失变幻，井井有条。

比方形土楼更为奇妙的是环形土楼。据目前所知，直径逾70米的圆楼有六座：其中最大的是平和县九峰乡的龙见楼，直径达80米；最小的圆楼则是永定县的如兴楼，直径仅11米。此外，还有椭圆形平面的圆楼。

单元式圆楼中首推华安县仙都乡大地村的二宜楼。该楼建于清乾隆三十五年(1770年)，直径73.4米，外环四层，底层外墙厚达2.5米，是目前所知墙体最厚的一个楼。全楼分隔成12单元，各单元之间有防火墙分隔。二宜楼既表现出圆融的观照，又表现出豪宕的意兴。

内通廊式圆楼中，以永定县古竹乡高北村的承启楼最著名。该楼建于清康熙年间(1662～1722年)，直径73米，外环四层。这是一座罕见的四圈建筑相套的土楼。外环建筑每层设72个房间、4个公共楼梯；第二圈建筑两层，每层设40个房间；第三圈建筑一层，设32个房间；楼的中心建筑是座祖堂。

圆楼的形式受到当地民众喜爱，近二十年来还有新的圆楼在建造。至亲骨肉，欢聚一堂，正如平和县芦溪乡厥宁楼前的一副石刻楹联所说："团圆宝寨台星护，轩豁鸿门福祉临"。

4. 湘鄂赣民间住宅

湘鄂赣民间住宅多为木结构、瓦顶，有的还用重檐，房屋高大。结构方法总不脱离横向结构承重、纵向架设檩条的两坡水屋面的基本做法。

该地区民间住宅变化极多，其中一种类似皖南民间住宅，沿建筑物外缘上部设封火山墙或女儿墙，遮挡住屋顶，形成方形的建筑外观，在外墙上部处理一些变化形式。建筑物沿外墙布置，有平房，也有楼房，围合成院落，内有小天井。由于雨水都向院内流，所以这种住宅被称为"四水归堂"，寓意肥水不外流。另一种在屋面两侧设高封火山墙，屋面前后不设女儿墙，暴露出人字形的屋顶。封火墙每隔两三间就设一座，封火墙本身也有多种形式，所以数栋民间住宅组合后，其封火墙如白幕重重，与昏暗的屋顶形成黑白对比，苍茫幽邃。另有一种类似四川民间住宅，使用有顶无墙的出檐，其悬山结构十分突出，山墙完全暴露出穿斗式木结构，木结构中间往往充填土墙、砖墙或编竹夹泥墙，外面涂以白灰，与深色的木架柱身配合得天衣无缝，堪称坦率简朴。

这一带民间住宅的平面特点是，布局紧凑，建筑密度大，尤其在城镇中，从高处望去，屋顶交错，亚脊叠檐。清代叶调元的《汉口竹枝词》就具体地描写了这种现象："华居陋室密如林，寸地相传值万金。堂屋高昂天井小，十家阳宅九家阴。"

民间住宅的这种密度使人很难窥其全貌，所以封火墙或女儿墙成为艺术装饰的重点。正立面简洁的墙面上只在大门周围进行装饰，大门上端常加雨檐作为门饰，或在大门上伸出两个墀形，以产生变化之感。

山区住宅有许多种吊脚楼形式。沿河或靠山住宅，在一根根纤细高耸的杉木柱上，承托着一座座粗犷古朴的住宅。如轻松淡荡的线条上加上几团浓墨重笔，大气包举，形完神足。

5. 皖南民间住宅

皖南古代为徽州，明、清时期，徽州富商在外赚钱后，纷纷返乡大兴土木。至今皖南城乡有许多保存完好、别具风格的古民间住宅。民间住宅多为两三层楼，平面呈日字形或目字形。四周用高墙围合，顶部以台阶状的封火墙高出屋面，变静态为动态。封火墙形似马头，故又俗称马头墙。

房屋外墙，除入口外，只开少数小窗。小窗通常用水磨砖或黑色青石雕砌成各种形式的漏窗，点缀于白墙上，形成强烈的疏密对比。民间住宅正立面墙上有卷草、如意一类的砖雕图案。入口门框多用青石砌筑，上面有门罩门楼，一般也多用水磨砖砌成，给人幽静安闲之感。

明、清时代，徽州一般的民间住宅均为大宅，以三合院或四合院最为普遍。院内再用高墙分隔，形成小天井。前庭两旁为厢房，楼下明间为堂屋，左、右间为卧室。堂屋一般不用槅扇，为开敞式。厢房开间窄小，进深很浅，这样采光性较好。上层多为跑马楼形式，通廊环绕，均用镂雕精细的木栏杆槅扇加以装饰。

书房和闺房都在楼上。一方面可以不受来往客人的干扰，另一方面当读书疲倦或孤独苦闷时可凭窗远眺，得到一种心灵的慰藉和美的享受。有的二楼还设有隐藏在栏杆雕花中的小窗，以供闺房中的小姐偷看楼下厅堂里的年轻访客，便于选择称心的如意郎君。

民间住宅外墙多以望砖砌成空心墙，因为承重的是木柱结构，空心墙既利于保持室温和阻挡噪声，又不需要担心承重问题。有的窃贼在夜间用水把墙泼湿，再用竹片抠去望砖之间的石灰缝，把砖一块一块轻轻取下，形成一个大洞，即可钻入宅内。因此，一些大户人家还在外墙内侧，用木板再做装饰，如有窃贼开墙打洞，里面的木墙只要一动就会发出声音，惊醒主人。

除以外墙防盗外，富有人家室内还有暗室。暗室入口常用砖墙面、木雕装饰等掩盖，所以难以发现。除暗室外，还有夹层设计；从楼下看，以为是楼上的楼板，而上楼后，脚下就是地板。这种夹层里面放有金银珠宝等贵重物品。

皖南村落一般都有古木、清溪、石路、方亭、小桥。粗壮苍劲的古木，浓绿茂密的树林，掩映着古老的凉亭、屋宇和牌坊，村落衬托在山光水色之中。

这里民间住宅的砖雕尤为精彩。明代的砖雕风格趋于粗犷、稚拙与朴素，一般都是浮雕或一层的浅圆雕；构图缺乏透视变化，但强调对称，富于砖雕趣味。清代的雕刻风格渐趋细腻繁复，注重情节和构图，透雕层次加深。构图、布局吸收立轴和手卷的表现手法，出现一些精雕细琢的佳作。

值得一提的是皖南民间住宅的艺术高峰期仅限于明代中叶至明末期间，入清后便逐渐降低。民间住宅艺术的兴衰与当地的新安画派、徽派木刻版画的盛衰同步；这与人们艺术鉴赏爱好的转移和当地的经济条件、文化状况以及艺人匠师们的创作水准都有密切的关系。

6. 广东民间住宅

传统民间住宅用料简单，多为土木结构，战火的烧焚和自然灾害的破坏使房屋很难长时间地保留使用，特别是多雨的广东。广东现存的民间住宅实例中，明代以前的只有潮州

广东省梅县南华乡某宅小巷

传统民间住宅用料简单，多为土木结构，战火的烧焚和自然灾害的破坏使房屋很难长时间地保留使用，特别是多雨的广东。广东是华侨最多的省份，侨胞往往返回家乡置田建屋，所以其民间住宅经常反映出外国建筑的形式或某些构件的影响。

许府等很少几处。

广东是华侨最多的省份，侨乡遍及全省。侨胞往往保持民族传统，节衣缩食，积累钱财，返回家乡置田建屋，光宗耀祖，希望晚年能过安定的生活。所以，我们现在看到的侨乡民间住宅，往往反映出外国建筑的形式或某些构件的影响。

并列式楼房是广东民间住宅之一。因为土墙砌筑的民间住宅经不起频繁的强风劲雨的袭击，所以采用联立式，数户一栋，并将房屋高度降低，以增强其强度和防御力量。

竹筒屋也称竹竿厝。这是广东城镇常见的一种建筑形式，正立面是单开间，但进深非常大。门厅、厨房、厅堂、起居室、书房、卧室经常是一进进的单开间，中间不断穿插小天井，平面像竹竿一样瘦长。一个街区由十几个或更多个竹竿厝并列而成，后面也设门。有时几个兄弟拥有几个竹竿厝，便在两个院落之间，开一横门贯通。竹筒屋层次重叠，直线到底，有回肠荡气之势。

碉楼是广东另一种富有特色的住宅形式，仅开平县目前还保留一千四百多幢。现存最早的碉楼是开平县赤坎区鹰村的一座三层碉楼，名迎龙楼；据县志记载，其历史已逾三百年。碉楼像碉堡一样有牢固的外墙，且像炮楼一样高耸。一旦有强盗来犯或洪水侵袭，屋主可以凭楼固守。

此外在闽、粤、赣边境山区，还有一种奇特的城堡式民间住宅形式——客家围屋。围屋与福建土楼不同：一是围屋的材料多为砖石；二是围屋仅由许多单体的平房或楼房围砌而成，是建筑群而不是整体的建筑。围屋尤以广东省始兴县的最为精彩，这里“有村必有围，无围不成村”。一般形式为椭圆形、弧形或方形，四周围墙筑得很高，显得壁垒森严。当地居民将围屋分为围楼、围垅屋、四点金、走马楼、五凤楼、殿堂式等多种。其中，隘子镇满堂村的清代围屋——大围，其形式之美，建筑面积之大，堪称粤北围屋之最。

广东民间住宅很少受传统“法式”、“则例”的限制，是传统民间住宅向现代住宅发展的先驱。

广东省梅县松口乡棣华居

棣华居属于粤北客家民间住宅，其基本构成形式是锁头屋（因为这种住宅的平面像古代锁头的形状，故名）。锁头屋是一种独立式横屋，在两端布置门厅和厨房组合而成，对面是围墙，自成一个长方形天井。当几个锁头屋并列时，在锁头屋之间增加的横屋，称为杠屋。有三杠屋或四杠屋，棣华居是两层楼的六杠屋。

7. 晋陕民间住宅

据《诗经》载："瞻彼中林，甡甡其鹿"，"阪有漆，隰有栗"，"阪有桑，隰有杨"。由此，我们得知黄河流域曾有良田肥土、适宜的气候、充足的水源。但是，沧海变迁，树木的砍伐，战乱的创伤，留给人们的只是感慨深沉的叹喟。

从明代起，许多山西人便外出经商，致富返乡后，这里逐渐成为商业金融胜地。特别是清代，因商品流通和货币金融周转的需要，产生了一种专营钱钞汇兑的机构(票号)。这些商人和票号经纪人便纷纷在自己故里大兴土木。他们不但要舒适，而且还要华丽、坚固。大户人家几乎全是灰砖高砌、居室密集的深宅大院。临街大门十分富丽堂皇，有漂亮的门楼。大门内为雕砌的砖影壁，进入后忽然显出垂花门(即内宅门)，庭院布局为二进或三进的三合院。

晋陕民间住宅房屋密度较大，为防风沙与日晒多采用窄天井，且庭院内正房和厢房多有廊。乡间大宅常有一座小方形砖楼供瞭望用，即所谓"看家楼"。屋顶的形式有人字顶，在前廊的额枋等处常有彩画雕刻，富丽可观。

山西还常见一种平屋顶砖发券的窑洞式民间住宅（即独立式窑洞)。大户人家这种做法显然不是为了经济上的优点，而是为了冬暖夏凉、坚壁厚墙、防火防盗的功能。普通人家由于经济能力有限，只能把正房建成独立式窑洞，厢房

山西省新绛县北张乡西庄村某巷

晋陕民间住宅均为高耸的夯土墙，为了保护墙体，防止雨水侵蚀墙面，外墙上部装有两排薄砖，平行放置，与上部屋顶出檐组成一个完整的艺术整体，意境浑成，简洁空灵，具有含蕴不尽的特点。

陕西省韩城县党家村某宅看家楼

党家村位于黄土崖下，村内民宅都用砖墙瓦顶，由正房、厢房、倒座组成狭长的院落。为防风沙与日晒多采用窄天井。村中有一座小方形砖楼供瞭望用，即所谓“看家楼”。看家楼使低矮、规整的民宅空间序列产生很大的起伏变化。

仍为单坡顶住宅。这类建筑尽管已经老旧，但当年的风采依稀可见。门窗的花格层次分明，梁头的云纹浓淡相宜，一切都显得悠闲超脱、韵味浓厚。

晋陕一带普通人家常有一面坡屋顶，也有一面坡屋顶住宅组成的三合院或四合院。屋顶都向院内倾斜，连大门和倒座也用一面坡屋顶向院内倾斜。屋顶向内倾斜，这样的建筑群外墙很高，有安全感。

这类住宅均为高耸的夯土墙，为了保护墙体，防止雨水侵蚀墙面，外墙上部装有两排薄砖，平行放置，与上部屋顶出檐组成一个完整的艺术整体，意境浑成，简洁空灵，具有含蕴不尽的特点。

使人意外的是这一地区庭院的形状均南北狭长，东、西屋的山墙将堂屋东、西次间遮住。有时宽度还不到2米，等于洋房的内走道，只是没有屋顶而已。

晋陕地区还有一种独具风韵的民间住宅——窑洞。由于自然环境、地理特征和地方风土的影响，形成各种形式。但从建筑的布局结构形式上划分，可归纳为靠崖式、下沉式和独立式三种形式。靠崖式窑洞有靠山式和沿沟式。窑洞常呈曲线形或折线形排列，有和谐美观的建筑艺术效果。在山坡高度允许的情况下，有时布置几层台梯式窑洞，类似楼房。下沉式窑洞即地下窑洞，主要分布在没有山坡、沟壁可利用的黄土地区。这种窑洞的做法是先就地挖一个方形地坑，形成一个四合院，然后再向四壁挖窑洞。这种形式只有中国和突尼斯才有。不过突尼斯现存的实例已很少，而中国仍有很大一部分地区的居民仍然使用下沉式窑洞，这在世界上是绝无仅有的。独立式窑洞是一种掩土的拱形房屋，有土墼土坯拱窑洞，也有砖拱石拱窑洞。前面已经谈过，这种窑洞无须靠山依崖，能自身独立，且不失窑洞的优点。窑洞是自然图景和生活图景的有机结合，渗透着人们对黄土地的热爱和眷恋之情。

如果有机会去体验那广阔的黄土高原，当你站在高坡上，天际边红日升起，露水打湿了你的鞋子，阡陌纵横的沟壑把高原分割成无数个土丘，牧童赶着羊群从沟壑中走上来，炊烟在带有寒意的微风中徐徐飘散。如果你沿沟壑而下，窑洞累累如蜂房，层叠不穷。窑洞防火，防风，防震，防噪声，冬暖夏凉，节省土地，经济省工，的确是因地制宜的完美建筑形式。

8. 藏族碉房

碉房是青藏高原以及内蒙古部分地区常见的居住建筑形式，据《后汉书》载，在汉元鼎六年(公元前111年)以前就有存在。这是一种用乱石垒砌或土筑的房屋，高有三四层。因外观很像碉堡，故称为碉房；碉房的名称至少可以追溯到清乾隆年间。藏族碉房森严威慑，超逸神圣，肃穆恬静。藏居的墙体下厚上薄，外形下大上小，墙体承重，密肋平顶。建筑平面都较为简洁，一般多为方形平面，也有曲尺形平面。因青藏高原山势起伏，建筑占地过大将会增加施工上的困难，故一般建筑平面占地面积较小，而向高空发展。有的建筑中间设一个小天井。碉房内部精细隽永，外部风格雄健。

藏族地区住宅形式示意图

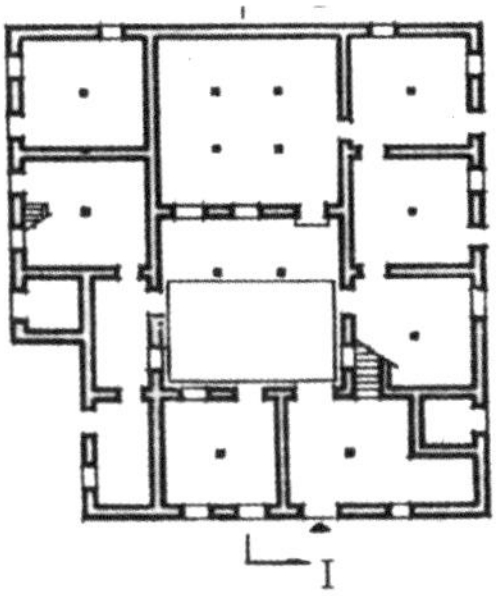

一层平面图

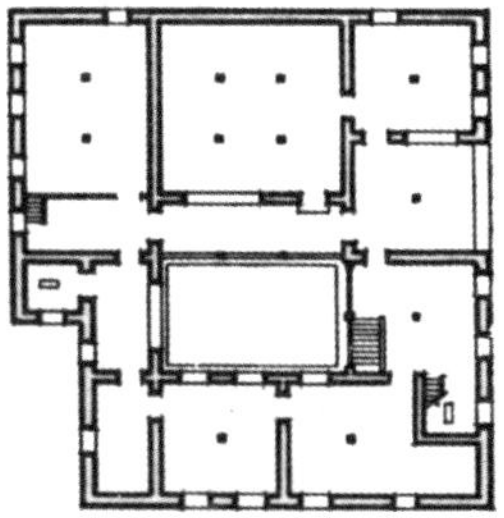

二层平面图

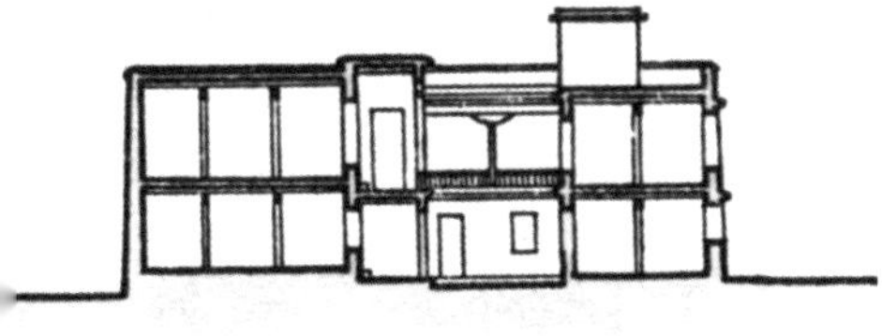

1-1剖面

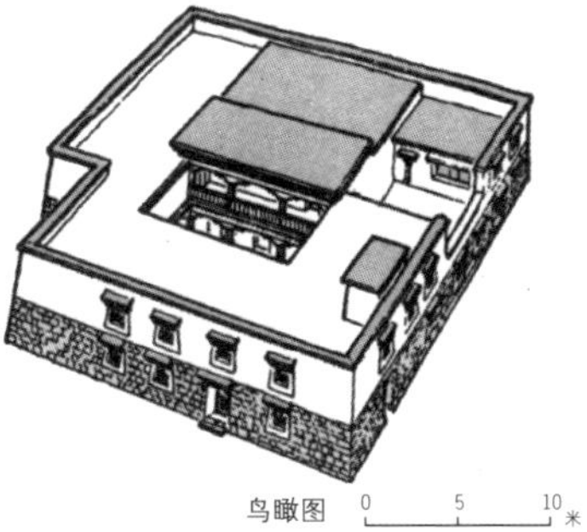

鸟瞰图

拉萨市藏族住宅示意图

平地建筑碉房

平地建筑住宅

平地建筑毗连式住房

山地建筑碉房

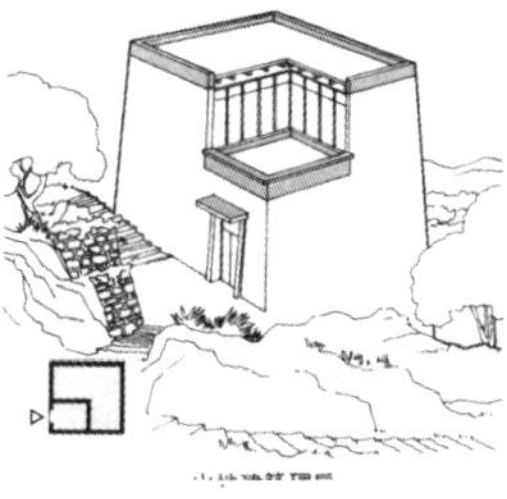

山地建筑碉房

山地建筑寺院喇嘛住宅

藏族碉房造型示意图

西藏拉萨某宅

这是一座中型民间住宅，位于绿化的庭院之中，块石砌墙，上层平屋顶，朝南满开大片玻璃窗(二楼为落地窗)以争取阳光，白色墙面与黑色窗套形成强烈对比。建筑豪华舒适，深婉清丽，富于情致。

底层常为饲养牲畜及贮藏草料的地方。楼上作为起居室、卧室、厨房和贮藏之用。顶层有晒台、经堂、晒廊及厕所。经堂位于最好的位置。最富有创造性的是厕所。有的厕所挑出墙外，伸出的搁栅承托着，细树枝编成四周的围墙，粪便直接掉进墙外的粪坑。

藏族民间住宅在处理住宅的外形上很成功。因为简单的方形或曲尺形平面，很难避免立面的单调。木质的出挑却以轻巧的质感与大面积厚实沉重的石墙形成对比，既给人稳重的感觉又使外形变化趋于丰富。这种做法不仅着眼于功能问题而且兼顾艺术效果，自成格调。

9. 蒙古包

蒙古包是蒙古民族固有的居住房屋，即汉代所谓的“穹庐”。它的外面是用羊毛毡包在简单的木骨架上，平面和屋顶都做成圆形。材料做成装配式的构件，可以随意拆卸和安装，轻便灵活，方便游牧民族的迁移。蒙古包正中置火炉，烟囱伸出包顶，炉四周围为坐卧处。墙壁用木条编成类似篱笆墙的围栏。有的蒙古包是置于预制的圆形火炕上，这样包内就更加温暖。除蒙古族外，哈萨克等族为适应游牧生活也使用类似这种形式的毡包。

蒙古包平面·剖面·立面图与其骨架结构示意图

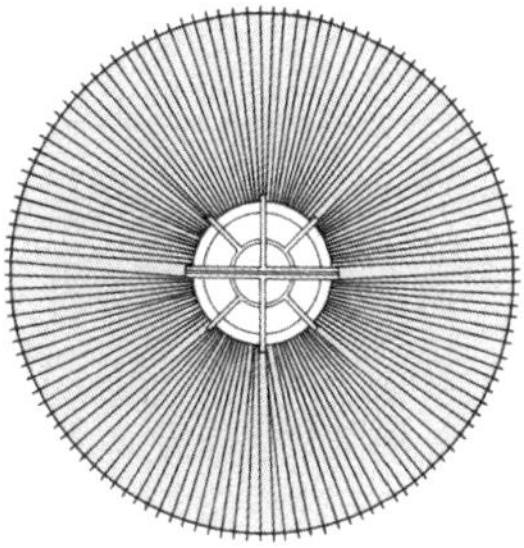

包顶平面图

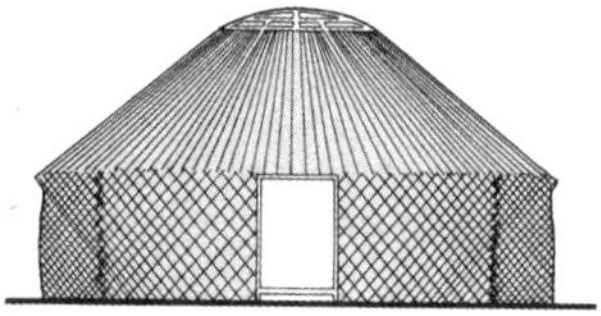

骨架立面图

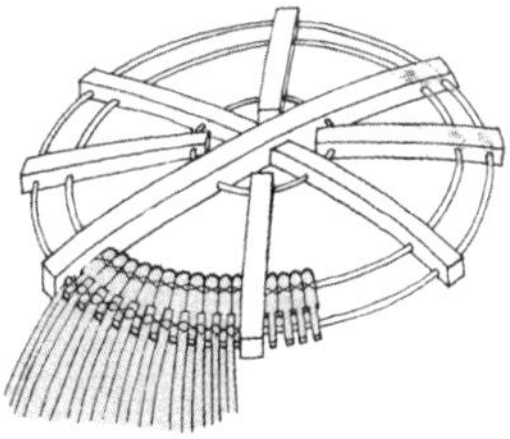

顶部构造示意

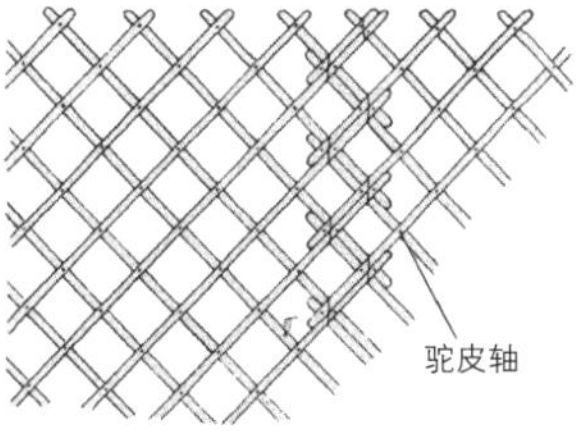

壁栅构造示意

蒙古包骨架结构示意图

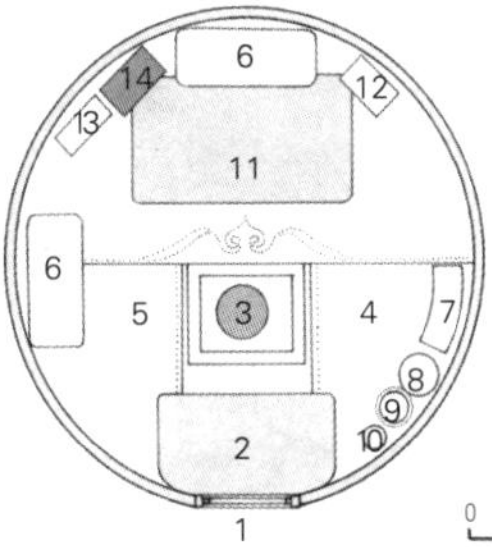

0 1 2 米

平面图

移动式蒙古包

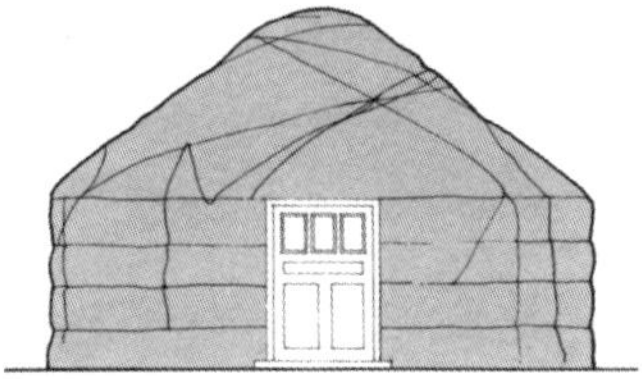

立面图

1.包门 2.入门毡片 3.火炉 4.女人席 5.男人席 6.衣被 7.碗架 8.水 9.米 10.缸 11.主人红毡席 12.柜 13.箱 14.佛坛

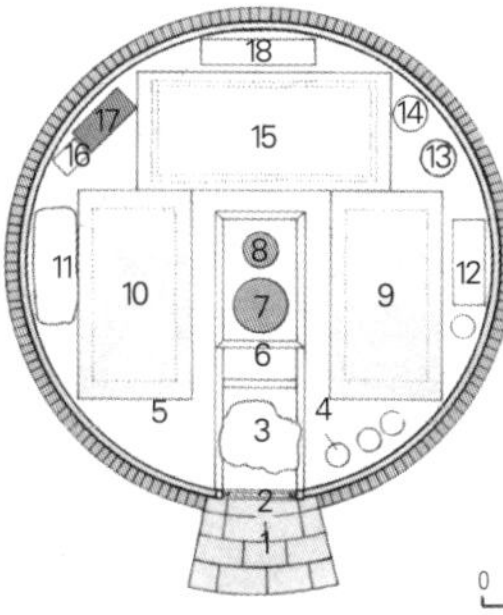

0 0.5 1 米

平面图

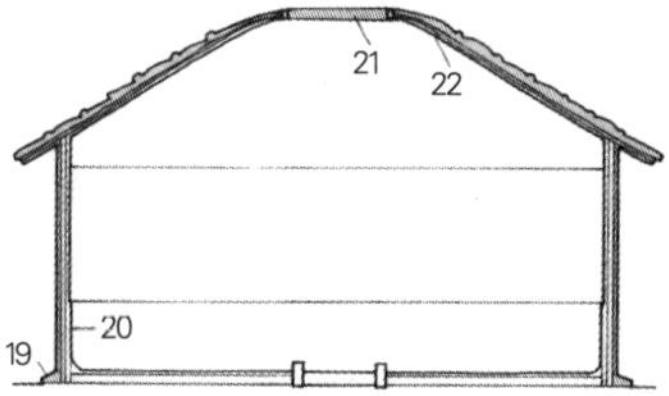

剖面图

固定式蒙古包

1.台阶 2.包门 3.兽皮 4.水 5.放靴子处 6.燃料 7.大火架8. 火架 9.妇人毡席 10.男子毡席 11.羊皮 12.箱子 13.米 14.缸 15.主人毡席 16.桌 17.佛坛 18.衣箱 19.砖砌台阶 20.毡子 21.天孔 22.羊毡挂毯

10. 四川民间住宅

四川盆地夏季气候炎热，冬季少雪，风力不大，雨水较多。于是平房瓦顶、四合头、大出檐成为民间住宅的主要形式。阁楼也成为贮藏、隔热之处。

由于多山，山区住宅不十分讲究朝向，因地制宜，且天井深度较浅，以节省用地面积。四合院屋顶相连，雨天可免受雨淋之苦，夏日则不使强烈的阳光过多射入室内。屋宅出檐及悬山挑出很大，可防止夹泥墙、木板墙或桩土墙遭雨水冲刷。

重庆临江门民间住宅群，吊脚楼高耸其上，蔚为壮观。尤其是穿行于其间的小巷时，就像步入一座迷宫，有时已经感觉到前面无路可行，但只要侧着身子穿过一条窄缝，便另有一番天地展现在眼前，真有"山穷水尽疑无路，柳暗花明又一村"的感受。

四川民间住宅均为穿斗式屋架。这里的人们在建造民宅时善于利用地形，因势修造，不拘成法。常在同一住宅中，地平线上有数个等高线。宅基地的退台有横向有纵向，造成屋顶高低的配合。加上一般屋檐不高，绿影婆娑，润泽可悦，使人感到温适明快。重庆及川东山区的民宅不注重朝向，依山崖而建，吊脚楼伸出很大，有的层层出挑，气魄宏大，雄伟异常。

四川省雅安县上理镇民间住宅

四川盆地由于多山，山区住宅不十分讲究朝向，因地制宜；天井深度较浅，以节省用地面积。四合院屋顶相连，雨天可免受雨淋之苦，夏日则不使强烈的阳光过多射入室内。屋宅出檐及悬山挑出很大，可防止土墙遭雨水冲刷。图中镇上店铺多为前店后坊，楼上住人；往昔集市庙会，摊肆林立，百戏杂陈，热闹非凡。

四川马尔康县藏族住宅
平面 · 剖面 · 透视图

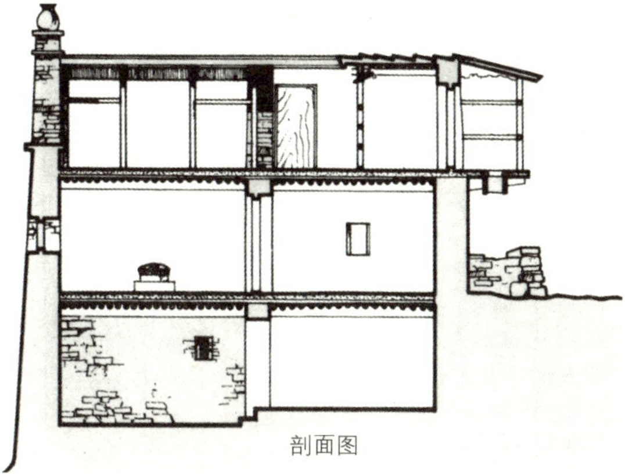

剖面图

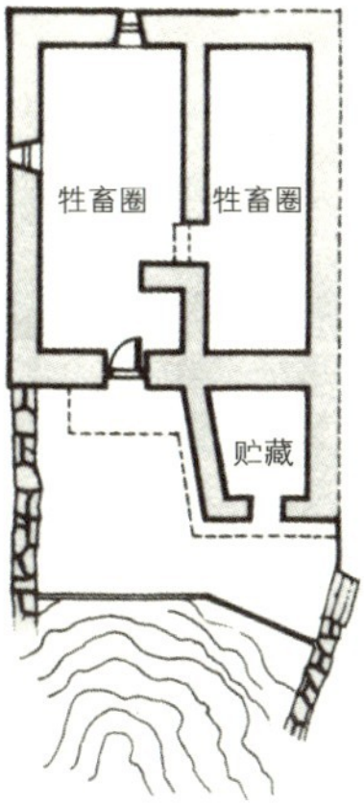

底层平面图

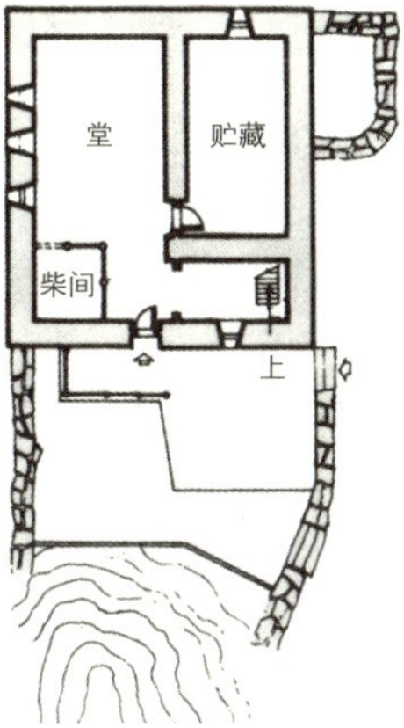

二层平面图

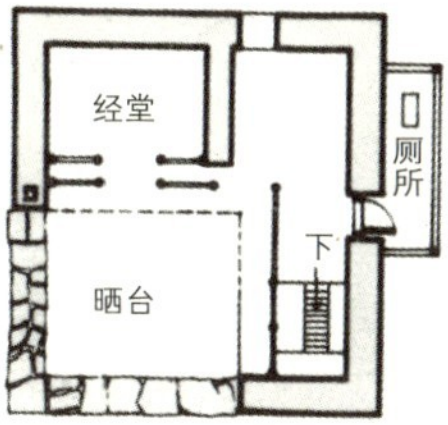

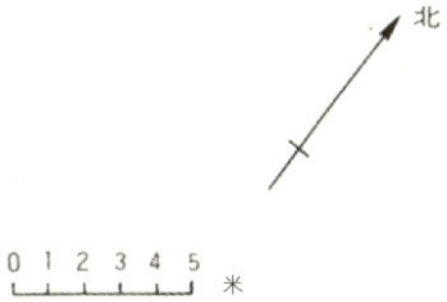

三层平面图

透视图

11. 北京四合院

住宅庭院的大小与气候冷暖有关，气候愈是寒冷的地方，院子就愈大。中国建筑的审美功能，不仅在于取得观感上的愉悦，更重要的是要有“成教化，助人伦”的作用。四合院四周方正，里面暗含一个井字格局。从远古时期的井田制到以后发展起来的明堂、宫室、宗庙建筑，中国传统建筑始终力图使建筑艺术具有鲜明的社会性、政治性和伦理性。井字分割产生一个中点，中是对称、稳定、端庄、严肃。它很容易附会出许多象征内容。先天八卦北为坤卦，坤为地，南为乾卦，乾为天。南北朝向即“天地定位”，“乾坤之事”。顺应天道，自然会大福大吉。《黄帝宅经》说：“夫宅者乃是阴阳之枢，人伦之轨模，非夫博物明贤，未悟斯道也。”在四合院中，北屋最适合人居住，但会客、祭祀的厅堂都设在北屋。东、西厢房和倒座、后堂才是真正居住的地方。正如《礼记·曲礼》所说：“君子将营宫室(指房屋)，宗庙为先，厩库为次，居室为后。”这说明中国人将理性放在实用功能之上。愈是格局讲究的民宅，愈是体现这一点。大门、影壁、垂花门、游廊都是为增加气派而设置。进入四合院，空间序列井井有条，建筑尺寸适度合理。

北京东四八条某宅正房与西厢房交会点

四合院住宅由房屋墙垣围绕，宅院大多坐北朝南，院内房舍都面向宽广的院落。四合院不仅有较佳的通风、日照效果，还有安静闲适的良好居住环境。四合院中四四方方的内院是全宅的核心部分，院北朝南的堂屋是家长的居室，正中一间为祖堂，东、西厢房是晚辈的住处。

北京四合院内院由二门起到正房止，常有游廊围绕。游廊不仅可以遮雨，而且使庭院产生回合，有波澜跌宕的意趣。大门一般设在左前端，进门即是照壁，院内幽深寂静，外人看不到，于是天热时庭院可以作为一个很好的户外起居室。庭院内常铺砖地，摆上一些盆花和盆景，就可兼做小园。

北京四合院住宅平面·鸟瞰图

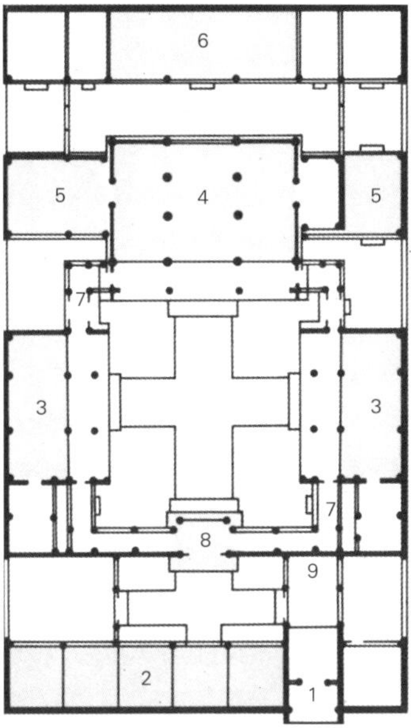

1.大门
2.倒座房
3.厢房
4.正房
5.耳房
6.后罩房
7.游廊
8.中门
9.照壁

平面图

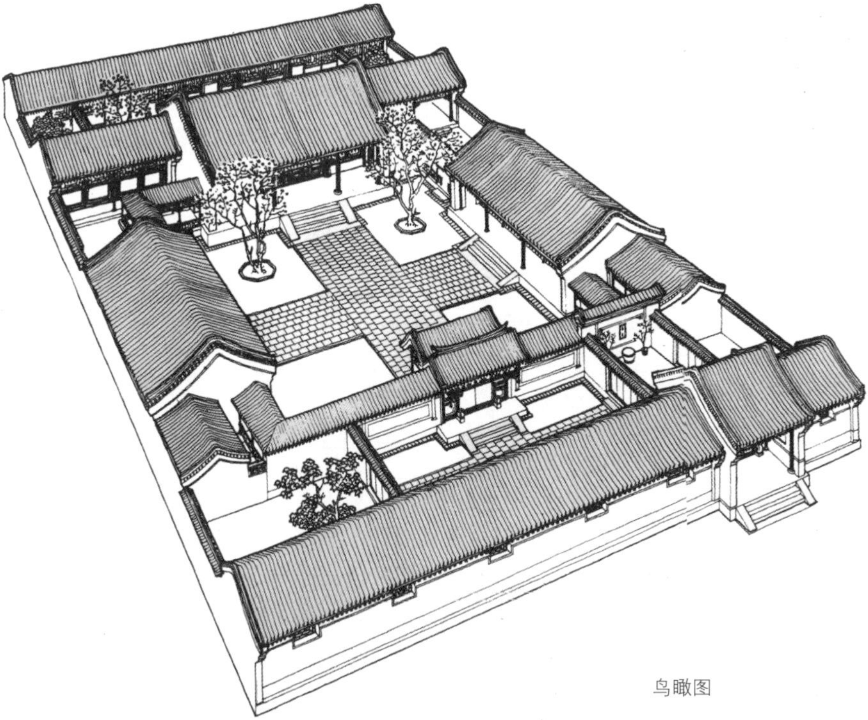

鸟瞰图

新疆伊宁市喀什街吾甫尔吉宅内廊

伊宁市有批维吾尔族住宅是20世纪30年代以后，由和田的工匠所修建的，具有强烈的伊斯兰教风格。住宅柱廊的柱头形式很多，柱身雕刻十分细致，门窗等处用彩画作装饰，窗户棂条的组合使用各种精巧的几何形纹样。多种装饰综合使用，形成华丽细致的艺术气氛。

12. 新疆民间住宅

新疆吐鲁番盆地长年无雨，每年春、夏要“下土”几天，届时遮天蔽日，到处都是漫漫黄土。为了适应这种气候，维吾尔族民宅的庭院中都种一两架葡萄和几棵果树。夏天，一家人就在葡萄架下喝茶、用餐、会见客人。

维吾尔族的土坯平顶住宅，用木梁、密肋相结合构成屋顶。形体错落，灵活多变。常用土坯花墙、拱门等划分空间。街道上常搭葡萄架，形成长廊。这里，夏季白天气温高达47℃，夜间则只有20℃。因此，用生土建筑的墙体特别厚。

假如你步行在民宅中，则会感到意味无穷。忽而一个跨度很大的土拱，上面是院落，供居民乘凉，下面是道路，仿佛是现代的立体交叉桥。忽而巷道变窄，人从隧道般带有土拱的长长小巷走过，小巷弯了几个弯，出来后是另一条街道。

维吾尔族民宅的厕所一般建在屋顶。因为气候特别干燥，粪便一会儿就干，只需用铁铲一铲即可清除。

这里气候干燥，很适合生土建筑，但生土房屋经不起大雨冲刷，故富有人家仍用砖砌住宅。拱廊、墙面、壁龛、火炉、密肋、顶棚等处，雕饰精致。因信奉伊斯兰教，故多用绿色。普通人家室内装饰比较简单。维吾尔族人习惯家具少，但每家墙上都挂着美丽的壁毯作装饰。

新疆维吾尔族住宅平面·剖面图

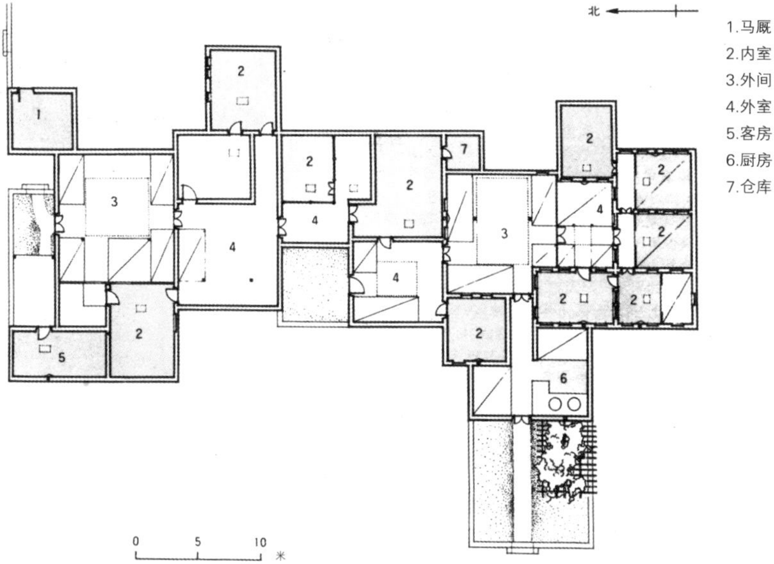

平面图

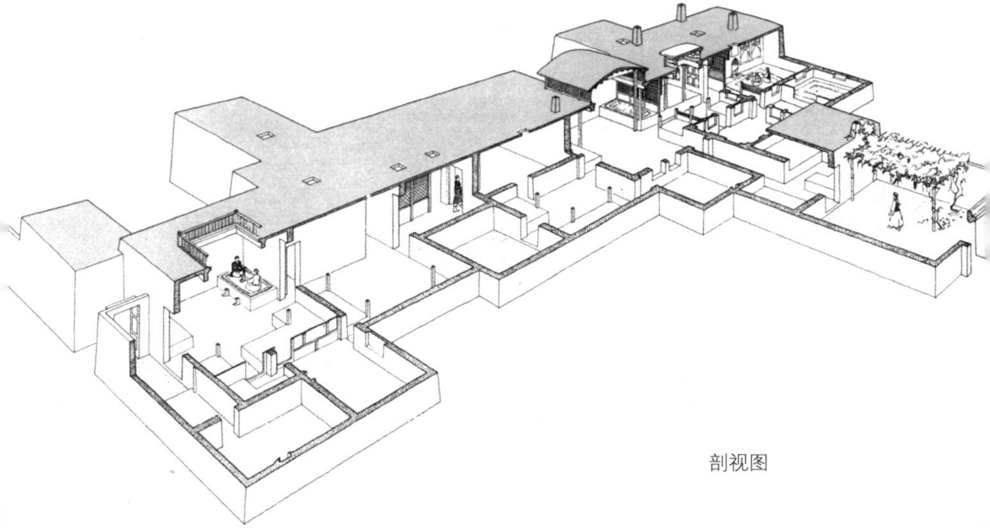

剖视图

广西壮族自治区龙腾县和平乡金竹寨民间住宅

有人将左图这种木楼称为干阑式建筑，事实上真正的干阑式建筑是把一根根的木桩埋入地下，上面横放木头，搭成一个平台，然后在平台上建房子，在今广西壮族自治区北部某些苗族住宅中仍可见到。木楼一般为三层，人住上面两层，下层是饲养牲口的地方。整个村寨中，横向的水平道路很多，至于纵向的上下山道路很少，主要的纵向道路仅有一条。右图木楼下面的道路就是这条主要的纵向道路。为了节省占地，许多民宅就在道路上面架空建造。

13. 西南民间住宅

云南、贵州、广西诸省区以其风景奇丽闻名，这里的民宅也风格各异。境内的少数民族包括傣族、景颇族、侗族、佤族、爱尼族和水族等，有不少部落采用干阑式住宅。

干阑式住宅历史悠久，约七千年前的河姆渡文化就采用十分成熟的干阑式建筑。《魏书·僚传》说："僚者盖南蛮之别种，自汉中达于邛笮川洞之间，所在皆有，种类甚多，散居山谷……依树积木，以居其上，名曰干阑。"干阑式住宅的特点是用竹或木为柱梁搭成小楼，上层住人，下层饲养牲畜或储存杂物。

干阑式住宅分为高楼式和低楼式，即指下层透空柱梁空间的高度而言。常见的是三层：上层是卧室，中层是起居室，下层则是仓库和牲畜圈。

在人烟稀少的地区，干阑式住宅可以防止野兽的侵害。同时，干阑式住宅保留极古老的火塘文化。依民族和屋主兄弟的多寡，在二楼设置数量不等的火塘(一般至少设置一个)。火塘不仅用来煮饭、烧水，而且用来烤衣、熏蚊。被火塘的烟熏黑的屋梁、楼板，可以使木料免招虫蛀。挂在火塘上的熏肉、熏菜，可以长期保存。

云南景颇族的外廊式住宅是一种低楼式干阑，其屋顶形式是两坡水，上大下小。据云南祥云大波那村木椁铜棺墓出土的陪葬青铜器证明，大约公元前400年的战国时期，就已有这种长脊短檐倒梯形屋面的干阑式建筑。这是因为古人常在山尖屋脊下悬挂牛头等猎物和人头等战利品，以表示屋主

云南民居示意图

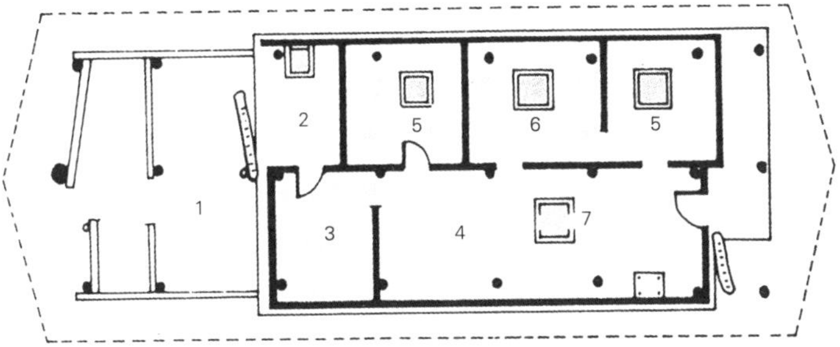

1.牛厩 2.鸡笼 3.仓库 4.客房 5.卧室 6.厨房 7.火塘

平面图

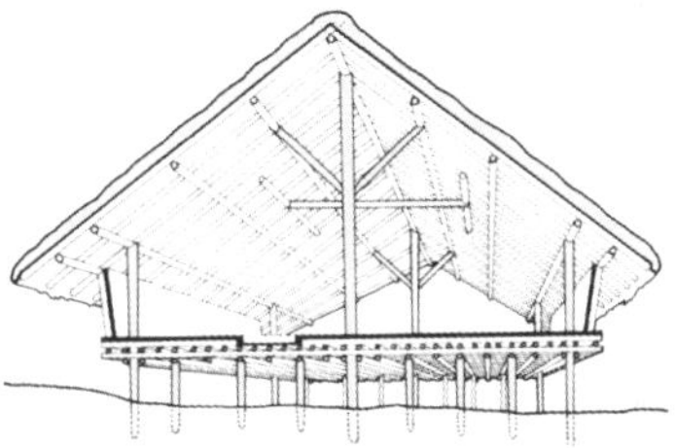

透视图

外观

景颇族民居(低楼式)示意图

外观

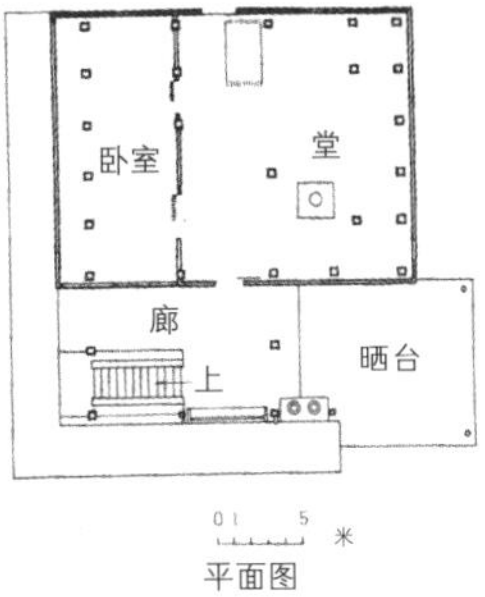

平面图

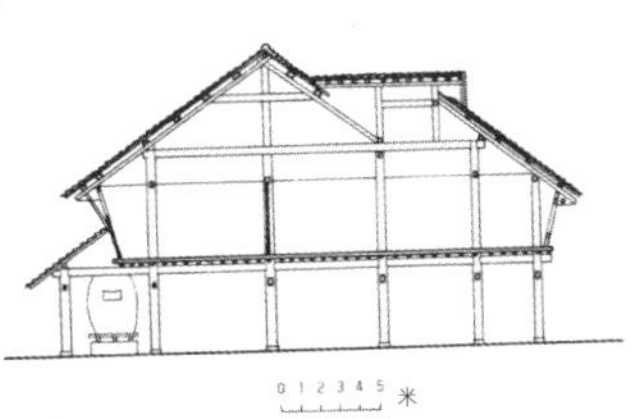

剖面图

景洪县傣族民居示意图

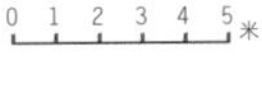

的勇敢与勤劳。景颇族保留这种住宅形式直至今日。

干阑式住宅在原始中蕴含深永情味，朴素中具有天然风韵。

井干式住宅也是我国古老的建筑形式之一。从云南石寨山出土的贮贝器、铜器的纹样上，可看到井干式住宅的形式。汉代已经出现井干式住宅的构造方法。汉武帝时建造的井干楼很高，被描写为“攀井干而未半，目旋转而意迷”。这里，我们姑且不论文学描写的夸张性，但从《张璠汉记》、《东观汉记》等文献上都能见到汉代有高楼的记载。

井干式住宅的外墙和内墙都是用去皮圆木或方木层层垛起，木楞接触面做成深槽，利于叠紧稳定和防水。墙角处交叉相接，中间隔墙的木楞也交叉外露；叠积的圆木粗率地暴露在外，不饰油漆；因形如井口，故称井干式，也称木刻楞房或垛木房。

永宁纳西族井干式民居示意图

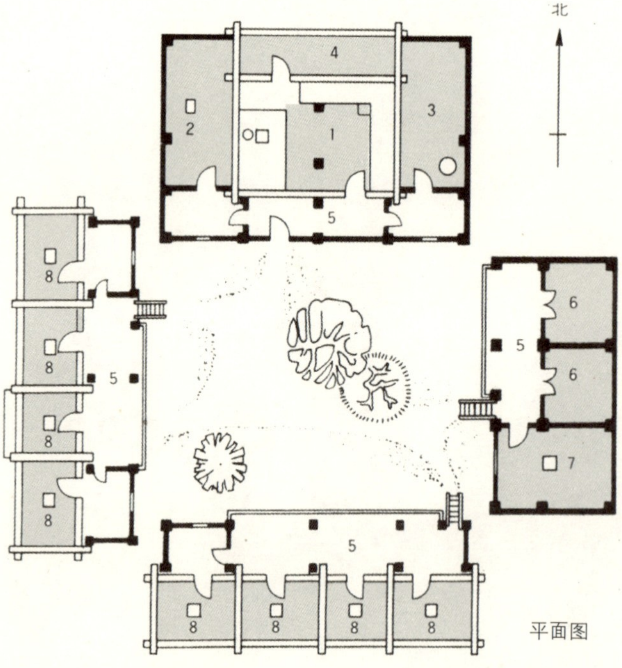

1.主室 2.上室 3. 下室 4.仓库 5.走廊
6.经堂 7.喇嘛居室 8.对偶婚居室

现今只有东北、新疆和云南林区还保存这种建筑形式。屋顶基本上为悬山式，有的在缝隙处抹泥以防风寒。屋顶有草顶、树皮顶，木片顶则较具有代表性。井干式住宅以大分散小集中的形式组成村落，目的是防火。其中以云南永宁纳西族井干式住宅最为精彩。

云南大理是一个秀丽的地方，是民歌的世界。苍山十八溪流入洱海，各村引水入街，街巷侧旁，你可以听到石渠清流的潺潺之声不绝于耳。沿坡行，你可以看到那泉水澄清碧绿，像泻玉泼翠一样。水草随波逐流像风吹麦浪，荡漾起伏。夕阳中汲麻浣纱的白族姑娘在青瓦白墙的映衬下，显现出她们轻柔的身姿。这里的白族民宅以绚丽精致、绰约多姿闻名，具有浓郁的民间住宅特色，并能适应当地风大和地震多的特点。平

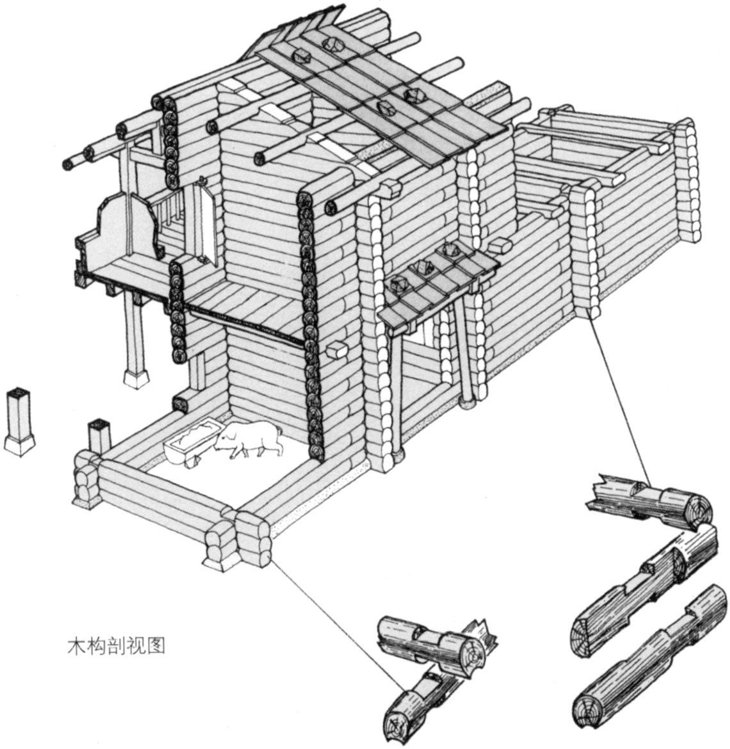

木构剖视图

面布局的典型形式是“三坊一照壁”及“四合五天井”。

“坊”即一栋三开间二层的房子。“三坊一照壁”系由三栋三开间的二层建筑围合而成的三合院，加上一个照壁所组成的。这种平面数量较多，为白族民宅的主要形式。

“四合五天井”是四合院加上入口照壁，以及外围院墙组成大小五个天井。白族人常说：“正房要有靠山，才坐得起人家”，所以建筑主轴线的后端，正对一个附近的山峦。按照白族风水而言，民宅背后最忌对着山沟或空旷之处。

贵州位于云贵高原东部，山丘隆起，覆土较少，遍地岩石。当地人就地取材，采石建房，有的甚至利用平整的山岩作为民宅墙体。房屋构架为木材制作的穿斗式。屋脊坡面用薄层石灰石做瓦，不用脊瓦，巧妙地解决屋脊漏水问题。

许多村寨里，铺地用石板，楼板是石片，水缸以大块石板拼成四方体，牲口槽则用石块凿成。石板房形象生新，境界宏阔，有“思雄”、“力大”的特色。当你来到石板寨时，脚下踏着石板路，向前看是几百级、数千级的石台阶，弯弯曲曲通向寨顶。再向前走，会引起觅食的群鸡惊鸣。其间，有一个个石拱门横跨路上，一座座高耸的石建筑错落有致，构成一幅眼乱魂迷、戛戛独造的石头图画。那一块块自然形状的石片瓦，繁密成堆，造意奇特，气象雄浑。贵州贵阳花溪区、镇宁、安顺一带以及陕西安康、北京山区等地都有石板房。当你有机会去黄果树瀑布时，只需步行半个小时就能游览镇宁石头寨。

云南地处高原，气候四季如春，无严寒酷暑，只是风大，故民宅都采用厚土墙及筒瓦宽砌屋顶。一颗印民宅因平面方形如印而得名。三间四耳一颗印式是当地最常用的宅制。所谓“三间四耳”即正房三间，耳房左、右各两间。这种形式的形成除了生活生产功能上的需要外，还与防卫有关。一颗印民宅均为楼房，牲畜、杂物在楼下，人住楼上。正房楼下是堂屋，作为起居待客之处，堂屋左、右作卧室，楼上的中明堂做佛堂。较大的住宅采用两三个一颗印式单元排列起来。较好的住宅在入大门处常有倒八尺的倒座。

“一颗印”式住宅

外观

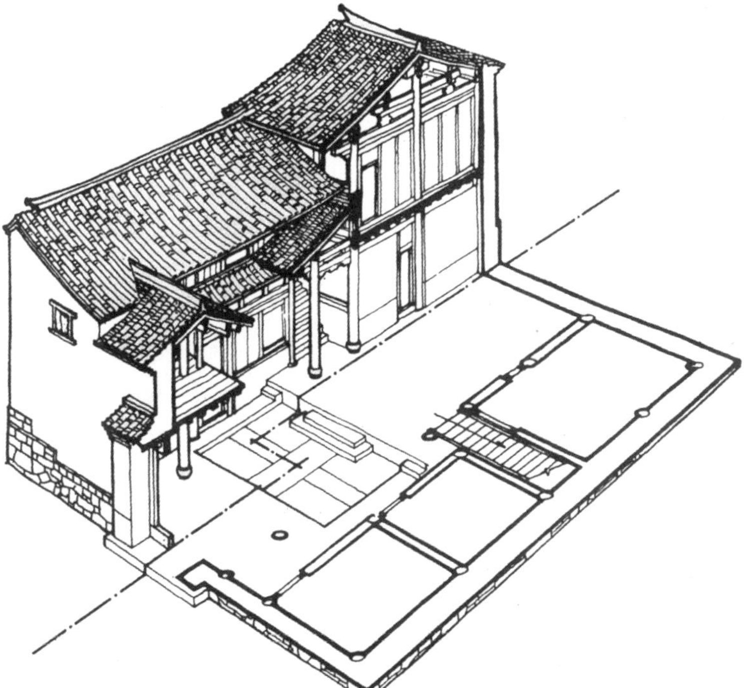

剖视图

村镇面貌

关于村镇的面貌约略从三方面陈述，即村基选址、街道布置、路亭广场。

1. 村基选址

村基选址一般多由风水师觅龙、察砂、观水、点穴，使村镇在良好的地段中落位。这种选址定位的活动称为相地，其实就是进行踏勘观测。观测完毕，风水师框定村址范围，并画出村基图。最具代表性的是枕山、环水、面屏的村落选址。

堪舆学说主要利用阴阳五行八卦的道理解释自然，使人能有一个冬暖夏凉、饮水方便、朝向良好、避风防洪、利于防御、环境优美的居住环境。同时，各种附会的解释，使人的心理得到满足。

例如沿河村镇的基本形式是一面临水或背山面水，建筑物在河道凸出的一侧；这种地形在风水上称为“汭位”，适于立基。从水文上说，河流的冲刷使对岸的泥土不断下塌，而村镇一侧的土地则随着河水泥沙的淤积不断扩大。《阳宅十书》中说：“门前若有玉带水，高官必定容易起。出人代代读书声，荣显富贵耀门闾。”这种利用良好地形建宅，并由此延伸出精神寓意的做法，在中国百姓心中已根深蒂固。

说到风水象征，许多村镇都能讲出若干寓意。愈是经济发达地区，愈是如此。浙江省永嘉县苍坡村将自然山水与人工修建的水塘、建筑物、街道等比拟为“文房四宝”，是一个具有代表性的实例。

宋孝宗淳熙五年 (1178年)，苍坡村的先民与国师李时日商议村落选址和建筑规划，以阴阳五行为依据，分析苍坡村的地貌。按照八卦：西庚辛属金，但西面有座“笔架山”，山形似火焰，在此建村必然容易失火；北壬癸属水，照理可以镇火，但预定村落的北侧没有大的水塘，不能克火；东甲乙属木，火会引燃到此；南丙丁属火，会加强火的势头。如此一来，在此建村，四周均会被烈火烧烤。为了克火，便决定在村的南侧建一方形水池，以重点镇“火”；在村的东侧建一长条形水池，成为防火隔离带，以抵挡“火”烧“木”；在村的四周开渠引溪，引北方的“水”来环抱村落。

镇住“火”后，又利用“笔架山”这一名称向“文房四宝”这一命题发展。将对准笔架山凹口的地方作为村子的中心，建一条笔直的街道，以象征笔。在“笔”街中段的一侧，平放一大型条石作为“墨”块，墨块的旁边就是村南的水池，水池为“砚”。整个村落用地为方形，即为“纸”。如此一来，“文房四宝”俱全。村落中，一条条纵横交错的街巷和一个个造型优美的民宅组团，整体平面构成一篇“大块文章”，喻示此地必将文人辈出；体现了人们向往文运昌盛的美好愿望，表现出这里先人的独具匠心。

2. 街道布置

交通干道在村镇的布置中具有划分区域的作用。主要街道只要地形许可多取平直，尽量向棋盘式布置靠拢。因地形限制和其他人为因素，不可能划分为完全方正整齐的平面，一些次要的街巷往往呈现出曲曲折折的形式。在这种街道上行走，会看到街景逐渐展开、建筑立面不断变幻的效果，避免视线的一览无遗，产生一种含蓄委婉的艺术效果。

中国传统街道的尺度反映了人们特定的生活方式，突出了“人”这个主题。窄窄的街道、错落有致的建筑立面，使人们步行其中，感到亲切，来回浏览路两旁的店铺，十分方便。北方的老城镇中，许多小巷很窄，宽度不到1米，称为“一人巷”或“一线天”。一般街道路面也较窄，居民可以将竹竿搭到对面的房屋，晾晒衣物。沿主要商业街道两侧，人丁兴旺，商贾云集，木楼瓦屋栉比鳞次。店铺大多为前店后坊，楼上住人。除日常买卖以外，集市、庙会更是繁盛。

江南水系发达，以船作为主要交通工具，河道形成水街。主要水街的两侧常常设置骑楼，形成长长的廊子，人在里面行走可以遮阳避雨。次要的水街家家户户都在河边设一个由几块条石砌筑的私人码头。这种小码头大多设计巧妙精湛，生趣盎然，饶有韵致。在这里，可以看到洗衣、淘米的

江苏省苏州水街

江南水系发达，以船作为主要交通工具，河道形成水街。主要水街的两侧常常设置骑楼，可以遮阳避雨。次要的水街家家户户都在河边设一个由几块条石砌筑的私人码头。

妇人忙忙碌碌，偶尔这户人家和那户人家隔水打招呼；又可以看到船民摇橹沿河叫卖蔬菜鱼虾。家人外出或返回都在这里上下船只。

在村庄或城镇街坊内部，巷道或弄道多为不规则形式，其中有很多是死胡同。这种死胡同能避免过境交通，保持宅区内部的安宁静谧。

有些小巷与街道的交会处设有门洞、飞梁，甚至过街楼。有时门洞、飞梁多至两三个。这种空间组织使路人明确地感受到街道空间的划分，强调小巷空间的社区性。外人来到这里，会感到进入他人的生活空间。这种划分使居住在小巷内的人们增加了安全感。

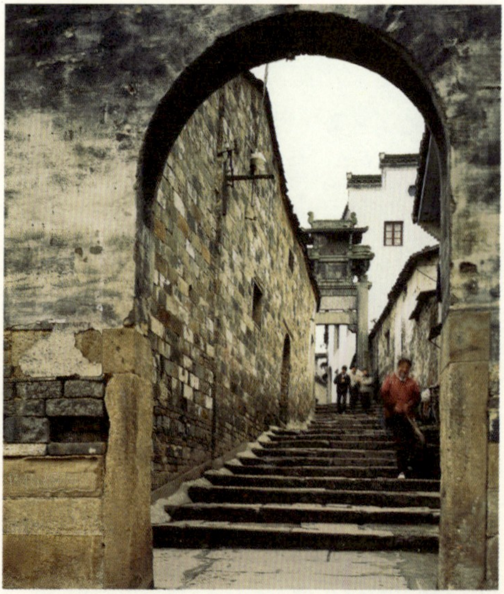

安徽省歙县县城新南街

小巷与街道的交会处往往设有门洞、飞梁，甚至过街楼。这种空间组织使路人明确地感受到街道空间的划分。有的小巷用台阶标志其空间的开始，不仅解决了地平高差的问题，而且也强调了小巷社区空间的作用。图中新南街以门洞开始，接着是几十级台阶，然后树立一座石牌坊。

尽量利用高大的建筑物，将其组织到街道的对景中，是传统街道建设的常见手法之一，如村镇中的钟鼓楼、跨街的牌楼、过街楼等。也有在Y形路中的尖端地段，建造高大的庙宇以构成对景。有的村镇将街道做成T形或Z形，在交叉路口建造一些突出的建筑物，或以装饰构成对景。如此一来，街道产生曲、直、收、放、起、伏的变化，尽管建筑淳朴素淡，但意境却耐人回味。

3. 路亭广场

在乡村山清水秀的田园风光中，常常见到路亭、凉亭，使人感到气氛深婉、情意依依。路亭、凉亭是从古代的一种传统建筑——长亭和短亭——演变而来的。《白孔六帖》卷九中说："十里一长亭，五里一短亭。"长亭和短亭是古时设在路旁的亭舍，常作为饯别处。李白的《菩萨蛮》中有："何处是归程，长亭更短亭"。

路亭的一侧建有神龛。也有的路亭一面是实墙建壁龛，供奉三关大帝或土地公神像；另外三面透空。凉亭则是四面敞开。路亭、凉亭都设有美人靠坐椅。路亭这种文化特征，为许多文人墨客所描述，借以表达其远离亲友、怀念故乡的

安徽省歙县呈坎村驻马亭

在乡村山清水秀的田园风光中，常常见到路亭、凉亭，使人感到气氛深婉、情意依依。路亭的一侧建有神龛。也有的路亭一面是实墙建壁龛，供奉三关大帝或土地公神像，另外三面透空。凉亭则是四面敞开。

思绪。正如吴承恩的《杨柳青》中所描述的“壮年惊心频客路，故乡回首几长亭”。

村镇中一般都设有广场。广场分为交通广场、集市广场、入口广场、水上广场等。陆上交通的五叉、三叉、十字路口及巷子的转折点，常有一个小广场作为交通缓冲和人群流动的停留处，这就是交通广场。广场在旧城镇中很少事先规划，大多是从某些功能出发，在城镇发展过程中自然形成的；一般都是不规则平面，面积也不大。

在村镇入口或热闹集市的附近，往往扩展一部分水面，形成水上广场，作为流动船只或停泊船只之用。较大的村镇还常建有水上戏台，水上戏台使这种水上广场变为文化娱乐性场所。

人们去农村或小镇中定期买卖货物，在北方称赶集，川、黔等地称赶场，湘、赣、闽、粤等地称赶墟，新疆则称赶巴扎。一般村镇都在路边、桥头、村口等交通便利的地方，设置一个固定的贸易场所，称为集市广场。集市广场的外围建筑一般都是茶楼、酒楼、澡堂、店铺等商业及服务业建筑。

与集市广场的喧闹随意气氛形成对比的是入口广场的清静肃穆。入口广场一般都设在府邸、庙观和大型民宅的前面，主要为了停放车轿和人流集散。总之，在民宅组合过程中所自然形成的村镇广场，常常辅以牌坊、寨门、市楼等公共性建筑，不致流于概念化。

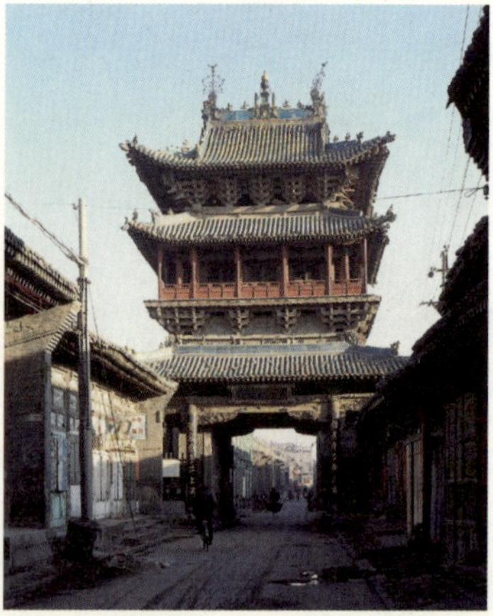

山西省平遥县县城市楼

在民间住宅组合过程中所自然形成的村镇广场，常常辅以牌坊、寨门、市楼等公共性建筑，不致流于概念化。图中市楼在低矮的房屋中，丰富了城镇的立体轮廓线。市楼立面的轮廓，丰满且富于节奏，近看显得雄伟气魄；三层楼檐舒展遒劲，将结构的力量充分表现出来；仰首上望，层层斗栱细致优美。

贵州省石板房

贵州民间住宅中最具代表性的就是石板房。石板房主要分布在贵阳市西部的郊区县和安顺地区所属的几个县。石板房是用石头砌墙，石板铺顶；从外面看完全是石头的，但石板房的真正结构是木头的，墙体并不承重，而是木头构架支撑楼板和屋顶。

民间住宅的艺术特征

——稚拙藏超卓，朴厚寓灵幻

民间住宅的艺术价值主要在于“意”，而不在于“形”；其结构虽然简单，但意蕴却十分丰富。民间住宅以艺术的真情实感叩击人们的心扉，抒发自己的情怀，传达出复杂、细致、深厚、具体的思想感情。这种气氛和意境诱导人们产生某种感受，委婉地流露出中国古典哲学思想和民族精神。

传统民间住宅舒展有味，平易近人。有的精巧细致，但不芜杂繁琐；有的高大雄伟，但不装腔作势；注重结构合理，但不失艺术风格；注重装饰悦目，但不滥加点缀。本来并不相关的要素，在民间住宅中透过构图法则的组合，而产生出韵律。

民间住宅取材自然，立足于自然之中。民间住宅与自然的相互渗入，以及民间住宅适量尺度与人本身的密切联系，这两个因素构成民间住宅的亲切感。在民间住宅建筑的空间中，突出“人”这个主题，使人感到自然，有亲密感、安全感，活动时心情舒畅。

传统民间住宅的空间形式还有利于人们的感情交流。许多传统住宅借助于以院落为中心的交往空间，与邻里的关系密切。院落空间是邻里共享的多功能场所，频繁的人际接触，使人与人之间的关系密切和彼此相互合作。

现今保存完整的民间住宅大多在偏僻的老村古镇之中，当人们来到皖南古镇或贵州石板寨时，那一幢幢有形貌、有神灵的民间住宅就是浸透了感情的一幅幅生动的、有声有色的形象图画，自然会触动人们的想像、情感和审美感受。这说明了民间住宅是一种文脉，是民族文化渊源延续的一个方面。许多官式建筑，如宫殿、府邸、寺观、陵寝的设计，都是直接从民间住宅中吸取养分。

许多皖南民间住宅完全保持明代民间住宅的风格，给我们的感觉是肃穆、古朴；从层层跌落的马头墙中，我们感觉到节奏的律动；在以横线为主的轮廓线中，我们感觉到恬静。

民间住宅组成的环境气氛给我们的感受是感性的、直觉的，以及朦胧的。正如宋代诗人梅圣俞所说的："作者得于心，览者会以意，殆难指陈以言也。虽然，亦可略道其仿佛。"这可以说是审美活动中一种常见的规律性现象。正如我们读诗一样，我们体验到诗的美，但往往是"心中所有，口中所无"。要我们用语言来完整准确地描述民间住宅的美，亦是同样困难的。

许多民间住宅深藏在青山绿丛之中。宋代诗人陆游在《西村》一诗中云："吾庐虽小亦佳哉，新作柴门断绿苔。"蜿蜒起伏的山路，传来悦耳的莺声，在明丽秀美的初夏山景中，展示出民宅的清新韵致和盎然画意。

民间住宅之美既是自然美，又是艺术美，更是自然美与艺术美的完美结合。唐代诗人孟浩然在《过故人庄》一诗中云："故人具鸡黍，邀我至田家。绿树村边合，青山郭外斜。开轩面场圃，把酒话桑麻。待到重阳日，还来就菊花。"这恬静秀美的乡村意境和淳朴浑厚的情谊所表现出来的浓郁隽永的诗意，不正体现在那遥远的小村、简陋的茅屋之中吗?

湘西一幢幢吊脚楼蕴藉含蓄，耸立在秋江寒水之中，沿河错落有致地排列，使意境愈益宏阔深远。民宅和官式建筑相比，显然要简单得多、朴拙得多。民间住宅的吸引人之处在于它受封建统治者规定的"法式"、"则例"的限制较少，与那种板起庸夫俗子的说教面孔，冷淡死板的衙门式建筑相反，往往在不同的地点有其不同的形式，很有感染力。

美妙的建筑与美妙的环境融为一体是民间住宅的一个特点。由于就地取材，所以建筑的色彩和周围的环境十分协调。官式建筑金碧辉煌，鲜艳夺目，如同国画中的"金碧山水"。民间住宅则如同国画中的"水墨山水"，充满诗意，耐

湖南省凤凰县吊脚楼

在山区，人们为了将房屋建在理想的地方，有时不得不将部分建筑悬空撑起，于是产生吊脚楼。吊脚楼是在住宅基地不足的情况下建造起来的，一方面是技术能力和生活要求的巧妙安排，另一方面也是反映了人们的智慧。假如，建筑本身为实，下面架空部分为虚，那么吊脚楼的空灵感便不难理解。

人寻味。在建筑材料的质感上，也和周围的环境融合统一。黄土高原的建筑是黄色的；贵州山区，山岩崭露，怪石嶙峋，犬牙交错，建在山坡上的民宅也是铺以石板墙、石片瓦。

民间住宅的优良传统是长期以来工匠们不断创作，以及屋主依据功能参与设计、不断创新的结晶。民间住宅所构成的浓厚的文化气息以及丰富的传统神韵，对于现今的建筑设计，无论是具体手法还是指导思想，都产生一定的影响。

疏密得当，虚实相生

民间住宅的结构虽然简单，意蕴却十分丰富。疏密关系在国画中是一个极其重要的原则，而中国民间住宅的构式也十分讲究。当我们站在江南小镇的石拱桥上时，就能看到那栉比鳞次的屋顶和白色简洁的墙壁所构成的疏密关系，“密处不能通风，稀处可以跑马”，这就是对比之美。密不当，易于板结；疏不当，易于松弛。民间住宅的屋顶常作上下错落的排列，避免平铺直叙。屋面的节奏发展使得墙面跌宕起伏，忽而急促，忽而舒展，极尽变化之能事。由此可以领悟出建筑与绘画的内在联系。民间住宅在疏密处理方面给建筑美学写下独特的一章。

“虚实相生”是中国艺术传统中一个极重要的美学原则。清初笪重光在《画筌》中说：“虚实相生，无画处皆成妙境。”汤贻汾在《画筌析览》中说：“人但知有画处是画，不知无画处皆画，画之空处全局所关，即虚实相生法。”民间住宅在虚实结合上有很多经验。大面积的实墙如同国画中的空白，门窗点缀其中为实处。章法颇似南宋马远的“一角”山水画那样的空灵。

虚实法所构成的民间住宅意境显得奇幻多姿，错落有致，时而语浅意深，明白如画，时而杳冥惝恍，深不可测。加上虚实节奏的不断变化起伏，民间住宅古朴自然、幽谧恬静的特征令人回味无穷。

外实内静，气韵生动

大面积的实墙在民间住宅中屡见不鲜，除了安全防卫的实质功能外，还有一种内在精神的东西，即蕴藏在形式之中的意义，这便是静谧。实墙使宅内自成一个与外界隔绝的空间，形成一种外实内静的神韵。厚实稳重的外墙，阻隔外面的紊乱嘈杂，而使宅内保持安宁恬静。

南齐的谢赫在《古画品录》序中提出绘画“六法”，不仅成为中国日后的绘画思想，而且成为艺术思想的指导原则。其中最重要的一点就是“气韵生动”。气韵生动是中国美学追求的最高目标和最高境界。

中国传统民间住宅中潜伏着气韵。中国建筑与希腊建筑不同，西方建筑是有机的团块，而中国建筑则注重疏通，讲究神韵，看上去是无数流动的线条，从线条上来体现出气韵的丰富变化和内涵。

福建北部民宅屋面保持宋代营造法式的特点：屋脊两端起翘，屋面四周抬起，屋面没有一条直线，加上两侧拉弓式的曲线防火山墙，我们可以欣赏到线条的风姿神采，领略到韵律的抑扬顿挫。在春光浓丽的田野中，我们仔细地品味轻盈飘忽、形神俱出的建筑体块，不难体会出其中的气韵。

朴实淡雅，内外通透

“隔”是民宅空间设计中常用的手法。“隔”使客体物象与主体观者之间产生不易逾越的空间距离，不沾不滞，客

体物象得以孤立绝缘，自成境界。

以建筑的栏杆、空花和窗棂为景框，距离化、间隔化令人产生美妙的感受。宋人陈简斋的诗云：“隔帘花叶有辉光”，帘子产生的“隔”所造成的等距离的线条节奏，增强了它的光辉闪烁，呈现出花叶的华美。内外通透的艺术效果是中国古代建筑艺术的处理手法之一。

有隔有通，不仅可以竹帘形成，也可以门窗形成。槅扇门窗的空格也是很好的景框，将室外景色分隔成许多个美丽的画面。

许多民宅的室内外空间彼此渗透，互相沟通。可拼装的槅扇门窗作为中介，将室外景色引入室内。组成窗格的窗棂很小，除方形外，还有其他富于变化的图案。从室内看，光线闪烁。小窗棂变成剪纸一样的黑白效果，望出去的效果可以增强视觉印象，使光与景多样化。窗格给人的功能信息不仅使室内光线柔和，而且给人分隔感。

有隔有通，也就是实中有虚。“明”的古字，一边是月，一边是窗字的古体，意思是月亮照到窗牖上，这是富有诗意的创造。在民间住宅的外部空间设计上，有的庭院很大，感觉空旷，往往用花墙、矮墙等作适当分隔，将一个大空间划分为数个大小不等的空间，造成变化和对比。有的则将一个狭长的院子分割为几段，避免一览无遗。与“隔”相对的是“通”、“透”。在民间住宅中，“隔”与“通”、“透”是相辅相成的。民间住宅中保持着多种镂空的建筑形式，朦胧曲折，耐人寻味，体现内外通透的特色。

北京文昌胡同程宅正房内景 / 左

“隔”是民宅空间设计中常用的手法。“隔”使客体物象与主体观者之间产生不易逾越的空间距离，不沾不滞，客体物象得以孤立绝缘，自成境界。图中正房用槅扇作适当的分隔，将一个大空间分为数个大小不等的空间，造成变化和对比，避免一览无遗。

山西省芮城县车护乡曹村范宅厢房窗户 / 右

有隔有通，不仅可以竹帘形成，也可以门窗形成。槅扇门窗的空格也是很好的景框，将室外景色分隔成许多个美丽的画面。图中窗户的大小和窗格的布局，具有简洁、明朗、朴素、大方的情调。窗外的蒜苗一片嫩绿，充满春意。

云南省大理某宅檐廊

朴实淡雅之美是中国民间住宅的重要特点。图中檐廊装饰朴素，风格清淡，其顶部空间加以精心设计，以求给人特别深刻的印象。

朴实淡雅之美是中国民间住宅的重要特点。民宅室内大多不用天花，采用彻上露明造。楼房底层天花也多暴露栏栅板结构，仅适当地做一些线脚装饰，外墙往往是清水砖墙。木装修的外檐一般不涂颜料，仅在原木上刷上桐油以便防腐、防潮。外观朴而不陋，不拘成法，因地制宜。

装饰明艳，丽而不俗

除朴素的风格外，民间住宅中也有装饰精美者，艺术效果却十分典雅。在大型民宅中，有的华丽奢侈。取材宏大和雕刻精致的梁架，花色繁复的栏杆装饰，砖雕像商代的青铜器那样“错采镂金，雕绘满眼”。尽管如此，由于“法式”、“则例”所限，不允许民宅漆涂彩绘，所以装饰雕刻均以素色出现。远看十分沉着，近看不失细节，耐人品嚼。许多民宅的砖雕与木雕浑然一体，实墙与花檐交相辉映，虽瑰丽华荣，但不郁闷呆板。丽而不艳，媚中含庄。妙处正在于以迷离称隽。

丽而不俗是不容易的。有的民宅处处装饰，从外墙、额枋到屋顶，甚至门窗，都有细部雕刻，但给人的感觉却是浑厚纯朴。刘熙载的《艺概》说：“白贲占于贲之上爻，乃知品居极上之文，衹是本色。”“贲”的意思是装饰，是斑纹华采，“白贲”则是绚丽斑斓而复归于朴实。建筑从没有装饰到装饰华丽，而又回到平淡素净中，经过一个发展过程，达到最高境界的美，本色的美，也就是“白贲”。“白贲”的境界就是我们要追求的较高的一种艺术境界。

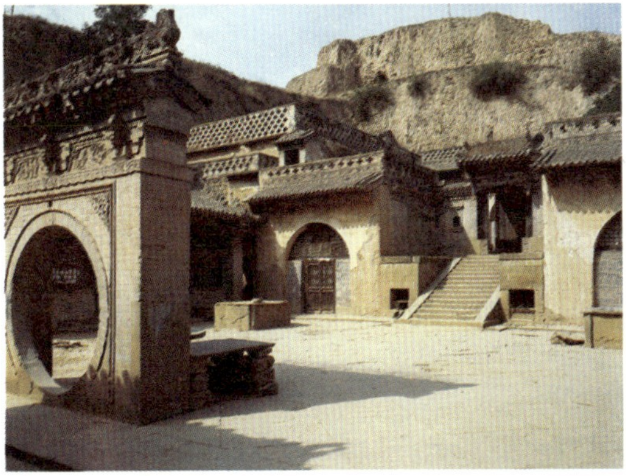

陕西省米脂县刘家峁姜耀祖宅

除朴素风格外，民间住宅中也有装饰精美者，艺术效果却十分典雅。图中姜耀祖宅的院门十分华美，门墩抱鼓石和砖雕细针密镂，独具匠心。院内是砖砌的月洞门；门顶瓦脊的鸱吻，雄健挺拔；瓦当下面还设置几个砖雕斗栱，绰约多姿。

山西祁县高家堡民宅就是一幅绮丽浓郁、饰面华艳的图画。建筑除大量装饰外，还运用硬山、卷棚、坡屋、平顶和船侧反倾等多种屋面形式，都统一在空灵蕴藉的气氛中，使之丰富酣畅，丽而不俗。

诗情画意，音乐旋律

当我们由远而近，走进太湖边上一个小村庄时，那山沟里潺潺流过的泉水声，把我们引进视觉形象与听觉形象并举的富有音乐感的意境中，这就是民间住宅的魅惑力。

民间住宅中体块的节奏变化，饰面的强弱对比，都潜伏着音乐感。既有平缓的优美韵律，又有高潮的跌宕起伏。我们在民间住宅的序列安排（如空间的组合、庭院的排列、结构的穿插、门窗的配置）中感受到音乐般的起伏、韵律、主题和余音萦绕。民间住宅无疑是凝固的音乐。

人们常将诗当作美的同义语，而民间住宅正如一首首诗歌，既有诗情，又有画意。诗以语言为媒介，在时间上先后承续，沿直线发展；而民间住宅则是用体块为媒介，在空间上相互穿插，占据一个平面，追求由空间的直观向时间的连续渗透。因此，诗是时间的艺术，时间上的建筑；而民间住宅是空间的艺术，空间上的诗。

中国民间住宅的艺术成就主要表现在创造异常丰富的环境序列，让我们在流动的观察体验中感受到空间的诗情画意。从民间住宅中，我们领略空间艺术向时间艺术的转化，宛如一首首优美的小诗。

中国古建筑之美

·民间住宅建筑·

圆楼窑洞四合院

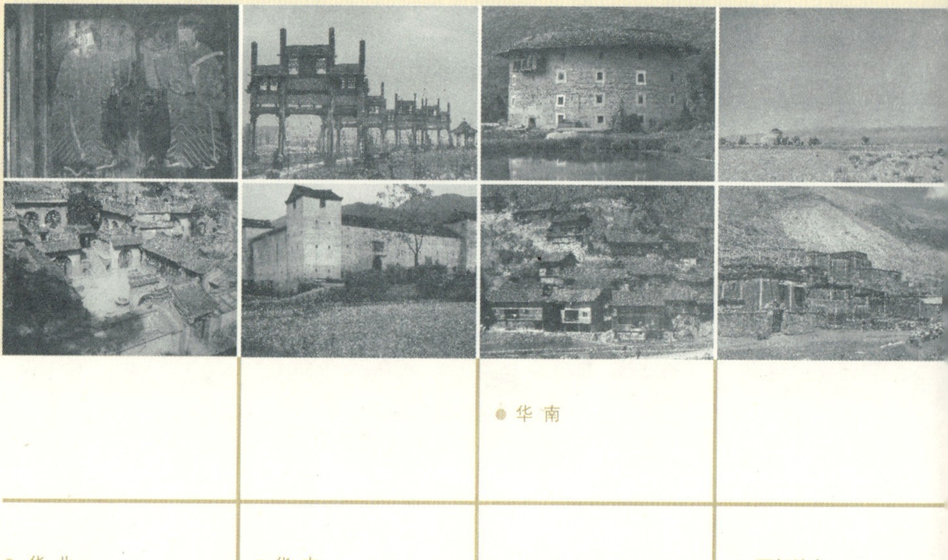

● 华南

● 华北

● 华中

● 西部地方

中国文人园林是中国古代隐士人生观和价值观的艺术体现，在历经了漫长的由大而小、由野而文、由粗而精的深刻演化之后，到了晚期更成为士人阶层竞相构筑的理想的生活环境，同时也成为豪富、贵族者附庸风雅之举。而江南水光之胜，更为雅士所好，文人园林建筑尤多，其中以苏州居首。本书即以苏州为中心，沿南京、无锡、上海、扬州等城市及浙、粤各省，介绍中国著名的文人园林。在布局、建筑结构之外，更详加介绍园中掇山理水之美、回廊漏窗之胜、步移景异之妙、内外借景之巧，细细玩味江南园林的精致之美。

图版

北京东城区 礼士胡同 某宅中门

北京

中门居北京四合院的中轴线上，其作用是分隔前院与内院。中门是四合院装饰的重点，往往极尽华丽，多数建为垂花门格式。垂花门之檐柱不落地，而悬在中柱穿插枋上，檐柱下端多用吊瓜，额枋下面的垂柱头则雕刻花瓣、联珠等富丽雕纹。中门的屋顶也别具一格，多数为两个屋顶的勾连搭形式，常见的是清水脊悬山与卷棚相连，也有两个卷棚相连的形式，图中的中门屋顶即为清水脊悬山与卷棚悬山的勾连搭。门前设置一对石兽的做法不多，仅限于官府人家。

北京东城区 礼士胡同 某宅抄手廊

北京

垂花门内是一个比前院大许多的四方形内院，为全宅的核心部分。院北朝南的堂屋是家长的居室，正中一间为祖堂，东、西两厢房是晚辈的住处。堂屋两侧常附有耳房及小跨院，作为厨、厕及储存杂物之用。一般正房之后，还布置有后罩房，作为煮食、盥洗和闺女的绣房。一进垂花门后，两侧都有走廊，绕过转角，通往东、西厢房。有些院落在两侧厢房与耳房之间还有抄手廊相连，直到院北的堂屋。图为北京礼士胡同某四合院抄手廊，是从垂花门看东厢房。

北京文昌胡同程宅照壁及垂花门

北京

四合院的形式在中国民居中十分普遍，其中又以北京四合院为代表。北京四合院的院落方正，其布局不但讲究尺度与空间，而且按中轴线东、西两侧布置对称建筑，房舍、院落在整齐中见变化，于简朴中显幽雅。而典型的北京四合院建筑，一般有两进以上的院落。步入东南角的大门，迎面可见影壁，影壁的设置是使人不能窥视院内的活动；大门设于东南角，则基于风水之说。入口后向左转，可见南侧的倒座与北侧的垂花门，图为北京文昌胡同程宅照壁及垂花门。

北京梅兰芳故居东厢房

北京

梅兰芳故居中原建有北房及东、西厢房，北房位于二门内的三合院，正中明间是小客厅，小客厅两侧是梅兰芳的书房“缀玉轩”，内藏剧本多为善本或孤本，室内悬挂张大千“为畹华先生写”的山水画；小客厅东侧为起居室。故居中的西厢房现辟为“戏剧艺术资料室”，藏有公元1965年梅夫人捐献的三万余种珍贵资料。东厢房陈列梅兰芳在国际文化交流中的表演资料，图为梅兰芳故居东厢房。此外，故居还有两跨院和一排西房。

北京梅兰芳故居二门

北京

梅兰芳故居位于北京市西城区护国寺街9号，是著名京剧演员、“四大名旦”之首梅兰芳的住宅；自公元1950年至去世为止，梅兰芳寓居于此。梅兰芳故居坐北朝南，现有面积716平方米，大门上悬挂着“梅兰芳纪念馆”的横匾。图为梅兰芳故居中的二门，其右方为倒座房。倒座房是梅兰芳居住前所兴建，其中的三明一暗原是大客厅。二门位于进入大门后的西北方，是进入主要三合院建筑的门户，其内有一座小型影壁。

曲阜孔府前庭

山东曲阜

前庭是孔府最重要的庭院，呈纵长形，正北的大堂是前庭部分的主体建筑，东、西为大厅。大堂南方为仪态端庄的重光门，中间以砖砌甬道相连。整个前庭十分宽广，是为举行重大仪式而设计的。重光门是一座四柱三间三楼式的垂花门，四面临空，称为“仪门”，因门上有明世宗御书“恩赐重光”匾额，故又名“重光门”。重光门平时紧闭，只有在衍圣公接圣旨与其他祭祀大典时才打开。整座前庭古柏苍劲，庭院深藏，为孔府建筑营造出庄严隆重的气氛。

曲阜孔府避难楼

山东曲阜

在孔府内宅门东面有一栋高耸的砖筑楼面，其平面呈方形，高四层，覆硬山顶。楼下砌有方形水井，深逾3米，遇难时移去水井盖板，外人即无法进入，因此有“避难楼”之名。避难楼的建筑外观封闭，防御性很强，但因缺乏特征，因此建造年代较难判断。清道光时，避难楼又称为“东奎楼”，其年代可能与一贯堂前厅后方东边的瞭望楼相近。图为自内宅门望避难楼，楼层高耸，建筑牢固，是绝佳的避难场所。

曲阜孔府穿堂

山东曲阜

孔府大堂与二堂之间以穿堂连接，形成工字形平面，这是宋、元间衙署中常见的形式。明太祖洪武十年(1377年)创建孔府时未提及有穿堂，依二堂的建筑形式，穿堂系后代所加，加建年代约于明末清初。穿堂为三间，六架卷棚顶，南、北各留一步，上搭二披水，外观为五间。明间东、西开门，各有外廊。梁枋用料较二堂细，断面为矩形砍斜角抹圆，遍施松文彩画。阳光自二堂方向敞开的门扉中透入，为穿堂增添变化的光彩及情趣。

曲阜孔府内宅门北屏门

山东曲阜

内宅门是孔府中区分内、外的极为重要的门，居孔府三堂之后。面阔三间，五檩悬山建筑，梁架的断面作矩形抹圆，绘松文彩画。内宅门上贴有衍圣公手谕，严禁外人擅入内宅，门两旁竖立皇帝钦赐的各种刑具，如违禁令，“打死勿论”。内宅门明间中柱设门，北面檐柱间设屏门，出入则绕屏门而行。屏门面北处画有獬豸图案，古称獬豸为神羊，能触佞邪，门上绘此神物，有警人为官清廉公正之意。内屏门的建造年代约与报本堂相当，应为明代遗构。

三门峡市张赵村民居

河南三门峡

中国传统建筑形式多为大木结构、大屋顶的形式，比较单一，但在晋、陕等地，多以黄土为建筑材料，形成各种窑洞式建筑。图为三门峡市张赵村民居，因地处黄土高原边缘，故为窑洞式建筑，为一下沉式窑洞，是世界上极为稀少的一种建筑形式。地下建筑具有许多优点，除没有风、雹、雨、雪或其他自然因素的侵袭外，更兼具冬暖夏凉的特点。此外，窑洞还有防火性强、抗震力佳的特点，也能防御放射性物质对人体的侵害。

祁县乔家堡民居

山西祁县

乔家堡是一组大型住宅，建于清末。其内所有院落都有正、偏结构，正院是主人的居处，偏院为客房、佣仆住室和灶房，在建筑上偏院较为低矮，且都为平顶房。主院的东、西厢房均为单坡顶，水都向院子里流，而祁县单坡顶式建筑均为船侧反曲的屋面形式，这和中国传统的凹曲线及西方常见的凸曲线都有差距，更具地方特色。图为乔家堡内院落正门，经过穿堂及重重院落，可与其他组住宅群相连接，充分显示乔家堡建筑的宏伟。

祁县乔家堡一号院

山西祁县

祁县居太原南面，春秋时即称为祁地。祁县人素以经商为主要谋生手法，早在清道光、咸丰年间，县城及附近乡镇即已店铺林立，因此祁县人建造许多豪华住宅，乔家堡即为其中保存完好的大院落。全宅占地逾8000平方米，大小院落19个，共计分五个住宅及一个花园，另设祠堂一座。住宅中央为一通道，直对祠堂，道北设大型住宅两组及花园，道南设中型住宅三组。图为乔家堡一号院，重重屋顶高耸，形成层层院落。

祁县乔家堡室内陈设

山西祁县

中国民居中所使用的家具，今日所见的多为明式家具和清式家具两大类。明式家具的艺术特点是造型洗练，洒脱飘逸，风格典雅。清式家具与明式家具相比，工艺较复杂，装饰普遍，有些以弓镂空，有些以云母染色，或用榫结构、黑漆螺钿等。乔家堡民居的室内陈设具有清式家具的特点，床、几、柜、橱都具有北方家具的风格。床既高且大，人平时盘膝而坐，在床上会客、叙家常、做女红等，整体布置雍容华贵，艺术风格强烈而统一。

祁县乔家堡内垂花门

山西祁县

建筑反映文化意向，门则是这种意向在建筑中的具体体现。人们的民族性格、伦理思想、价值观念、审美趣味、宗教感情、文化程度等都在简单的大门上有所反映。图为乔家堡内垂花门，门罩雕饰繁复，其上悬“梯云节月”横匾一方，瓦当饰兽面形，有驱邪就吉之意。院落之间的垂花门体现了儒学传统中理想的人间秩序，在进出之间，充分表现出教化与人伦间的关系，并于建筑中展示礼教的效用。

祁县乔家堡宅院

山西祁县

乔家堡是祁县最著名的民居宅院，其宅名原称“在中堂”，因房主乔致庸之名，而取中庸不偏不倚、执两用中之意，故取宅名为“在中堂”。乔家堡并非普通的宅院，而是一座城堡式建筑，完全具备山西民宅的几个特点。一为外墙高，从宅院外面看，不开窗的砖砌实墙高四五层楼，具强烈的防御性。二是主要房屋均为单坡顶，双坡顶不多。三为院落多呈东西窄、南北长的纵长形平面，院门多开在东南角。图为乔家堡内宅院之一。

祁县乔家堡二号院

山西祁县

乔家堡中的大型住宅组设正院与偏院，入口房屋与正房为两层楼，余均为平房。图为二号院东、西厢房及客厅，客厅入口的门罩雕饰华美，以突出其在功能上的主导作用。二号院的居室设在东、西厢房，多为套间，外间为起居室，内间为卧室，只在面向院落的一侧开设门窗，但因房间进深较浅，故室内光线明亮。乔家堡内布局大体相似，人与人之间的往来十分密切，充分体现出中国社会中亲密的人际关系。

平遥沙家巷民居

山西平遥县

传统是民族文化发展过程中世世相传的部分，体现出一个民族文化的统一性，也是一个民族赖以生存的精神支柱。传统民居是在深厚的民族文化传统土壤上成长的，因而具有庄重宽宏、乐观豪放、勤劳朴实、勇敢坚韧、典雅大方等中华民族的气质。图为平遥县城西城沙家巷34号民宅，由古朴苍劲的造型中，可以领略到这种精神气质。门口立着的几根拴马柱具有鲜明的民族风格和传统特色，仅为客人来访时拴马而用，但明快而蕴涵，语浅而情深，深得民族传统之神髓，艺术内容十分丰富。

平遥一线天胡同

山西平遥县

中国传统民居多使用青灰色砖头建造而成，雅素清爽且宁静舒适，与自然色调十分和谐。图为平遥古城的一线天胡同，两边为民居的实墙，不开窗子，厚实稳重，看上去有整体感，简洁清爽。这种“一人巷”在古城镇中极为常见，具有很强的隐秘性，与喧嚷都市的一般街道不同，进入这种胡同就像进入别人的宅院，是私密空间通往公共空间的过渡体。步入一线天，会产生视觉反差，以远处物体的低小感觉来反衬近处物体的高大，饶富意趣。

红梅绿柳迎春

平遥石头坡民宅入口

山西平遥县

中国传统民居所创造的是一种整体意境，不是依靠单体的造型变化多样，而是突出群体的空间序列丰富。民居的平面序列往往是一再发展次要高潮，以阻滞主要轴线的发展，将意境发展得更为深远。图为平遥县城西石头坡3号民宅的入口。在进入一个空间后，情绪自然会由低至高再由高至低起伏，民居建筑群的格局也由小至大地变化，而产生序列之美。由入口处可望见简朴的垂花门与其后院落，在空间处理上产生自然的层次感。

平遥石头坡窑洞式民居

山西平遥县

山西民居多富丽可观，图为平遥县城西石头坡2号窑洞式民宅，采用平顶发券的窑洞式做法。大户人家这种以砖砌窑洞的做法，显然并非为了经济上的优点，而是为了这种建筑方式有冬暖夏凉、坚壁厚墙、防火防盗的功能。图中的建筑虽已陈旧，但当年的风采仍依稀可见，门窗上雕饰精细的花格、柱头上考究的云纹，从外观造型及图案来说皆自然天成，恰到好处，可是在营造当时，工匠所花费的巧心慧思却不少。

平遥民居

山西平遥县

平遥县城民居布置生动活泼，韵律感比比皆是。图为平遥古城东南角，在由高至低、由低而高的屋面起伏变化中，屋宇的起承转合、抑扬顿挫一目了然。在屋面的折线变化中，不断重复，每一次重复却不尽相同，一致中有些许差异。从整体外部轮廓来看，形象相似，体量则有大有小。平遥民居在壮丽与朴雅、规整与飞动、曲线与直线、简单与繁复、空虚与充实上相辅相成，互为补充，并在互相比较中显示出其似静还动的美感。

平遥民居宅门

山西平遥县

中国人笃信风水之说，认为宅院所在地、朝向与布局的不同，阴阳之气也不同，对居住者而言，也会产生不同的命运，因此建宅时多注重趋吉避凶。建宅时除选址外，宅门的设置也十分重要，前人认为门为气口，要培气口，使生气入门，因此十分重视宅门的方位与大小。图为平遥县某宅宅门，由宅院内外望，可见门外宽广的空间，门内厢房分立左、右，房门轻掩，充满宁静的气息。宅门体量不大，装饰简朴，是纳气存精的重要所在。

霍县许村朱宅外檐装饰

山西霍县

中国传统民居虽然受到诸多限制，不能漆涂彩画和设置斗栱。但有部分仍装饰精美。霍县许村朱宅建筑格律精严，从建筑正立面看，四个窗子的图案都不相同，但运用同一种构图法则，协调统一。雀替上的木雕纹样仿商代青铜器的错采镂青，雀替上方额枋图案的色泽依稀可辨。额枋上的檐口构成二楼的栏杆，砖雕的牡丹形象丰满，立体感强。整体而言，砖雕与木雕浑然一体，实墙与飞檐交相辉映，华美瑰丽，但不流于市井的鄙俗，创造出一种富于浪漫气息的生活情调。

平陆西候村窑洞

山西平陆县

平陆县西候乡西候村是一个窑院大村，窑洞的形式较统一，大多为南北长、东西狭的院落，如此一来，即使在冬季，正窑也能晒到太阳。入口一般都设在窑院的东南角，是按照文王八卦坎宅巽门的形式而布置。一般而言西候村一个窑院挖六口窑，北面挖一口窑，作为祖堂和会客厅，也有北面挖三口窑者，除祖堂外，两侧可供长辈居住。一个窑院住十口人左右，窑院比地平面低10～11米，宽度则为3～4米。图为西候村窑洞，除外观为窑洞外，门户装设与一般民宅无异。

平陆西候村窑洞内景

山西平陆县

窑洞建筑首重选地，如果选择的地点好，即使历经百年，也不会毁坏，且冬暖夏凉，不怕地震，比砖房的寿命长。反过来说，若土质不佳、地点不好，一旦窑洞上面产生裂缝，下雨天水会渗到缝里，窑洞会因此而坍塌。因此窑洞一旦出现裂缝，居民即以土坯将该窑洞封上，以免发生事故。图为西候村窑洞内景，室内呈拱形，前方开设门窗以利采光。由室内陈设可知此为该户人家的厨房，摆设简单，可见当地居民生活的简朴。

米脂刘家峁姜宅

陕西米脂

姜耀祖庄园位于米脂县深沟古壑中的刘家峁，是一个大型窑洞建筑组群，庄园整体设计新颖别致，不落俗套。庄园外围筑以高18米的城垣，城垣上设有碉堡。南面有一拱形堡门，进入堡门后为一曲折的涵洞，涵洞可通到上面的院落。沿陡峭的磴道可登上山峁，来到三层叠起院落的第一层，即管家院。爬越第二个涵洞可见到第二进和第三进院落，图即为姜宅第二及第三进院。两个涵洞表达出委曲深情，是含蓄不露、回环婉转之作，令人玩味。

韩城党家村

陕西韩城县

党家村是一个古民居保存完好的村庄，尽管民居朝向方整，但街巷布局不拘形式，使得村庄空间含蓄不露，回环婉曲，气势豪放而内含波澜曲意。许多“丁”字形的路口产生顿宕之感，表达出婉约深情，自然有味。这里房屋密度较大，其空间显得绵邈不绝，气势则开阔雄放。每家自成院落，却又紧密相连，在拥有个人的私密性外，又不失彼此间亲密的往来，充分展现中华人民浓厚的街巷之情，闾里之谊。

东阳福圆堂大厅前廊

浙江东阳

江、浙民居外檐设廊是普遍特点，有半廊、全廊、回廊等，不仅底层带廊，往往楼上也加檐廊。室内屋顶则不吊天花板，采用彻上露明造，楼房底层天花也多暴露栏栅板结构，仅适当地作一些线脚装饰。尽管装饰朴素，风格清淡，但檐廊顶部空间却精心设计，以求予人特别深刻的印象。图中檐步内雕饰的月梁、猫儿梁、雀替与简素的檐椽、望砖形成对比效果。檐廊顶部的弧形顶椽乃另加而成，修饰加工成船篷顶的轩廊，使狭长的空间产生完整感，形成居室前的独立小空间，富有瑰玮的艺术魅力。

东阳福圆堂撑栱及吊瓜木雕

浙江东阳

江、浙民居中，除个别大宅的檐部处理利用斗栱之外，大部分出檐、出挑是利用挑枋、撑栱结构，并适当加工，根据撑栱的圆直趋势，处理成竹节、卷草、卷云、灵芝等自然纹样，并对挑枋表面进行雕饰，以减少其外形僵直的感觉。清初是东阳建筑艺术及木雕艺术的鼎盛时期，工匠穷毕生之力于雕刻雀替、出檐，并数代相传，使雕饰技术臻至炉火纯青之境。福圆堂的撑栱及吊瓜雕刻精细，人物、花草无不鲜活欲动，充分表现出匠人的高超技术。

东阳福圆堂鸟瞰

浙江东阳

东阳有许多大型民宅组合体，其中以东阳市郊的卢宅及白坦镇的务本堂、福圆堂较为著名，但因时代的更迭与近代重建的严重破坏，多已不复当年。图为白坦镇福圆堂，是东阳大型民居中保存尚称完好者。福圆堂两侧是高大的白粉墙，从屋面可以看出明确的中轴线。全宅运用了大量的雕饰，一律采用本色木梁柱及装修，配合素砖粉墙。空间意境奇幻多姿，错落有致，漫步其中有余韵袅袅之感，令人回味不已。

黟县西递村民居马头墙

安徽黟县

西递村居黟县城东5公里处，东西700米，南北300米，村内民宅密集，但布局规律。西递村民宅深具皖南特色，其外观艺术主要表现于高低错落的体型组合、丰富多变的屋面和山墙、灰瓦白墙的色彩对比及开敞的挑楼和严谨的大门等重点装饰手法，使建筑与环境相结合，形成典雅、朴实而秀丽的皖南建筑风格。图为西递村某宅马头墙，墙面层层跌落，形成完整的封火山墙系统，白墙黑瓦，表现出高雅深邃的静谧情怀。

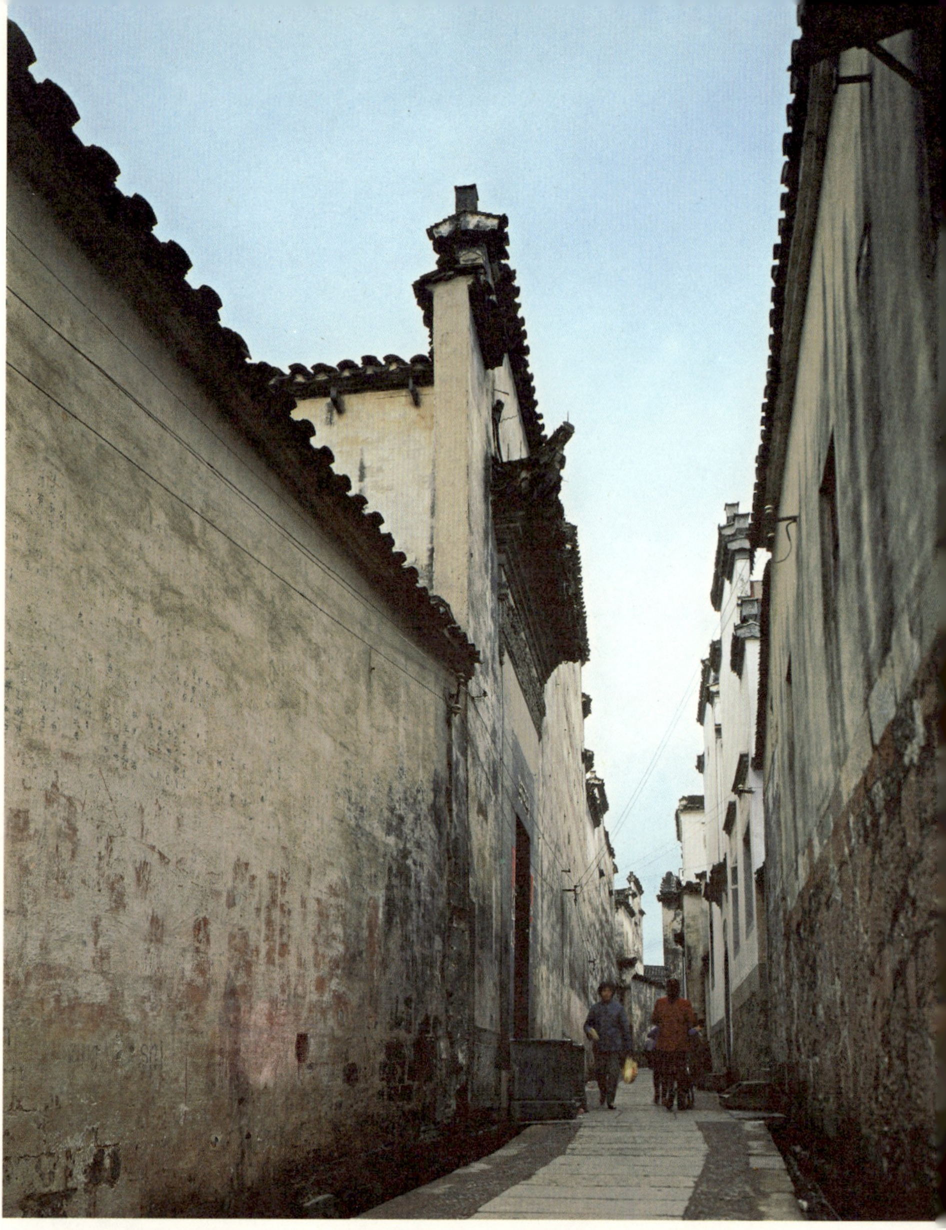

歙县斗山街民居

安徽歙县

皖南民居墙面多墁石灰而墙顶覆蝴蝶瓦，门窗则多为木料本色。墙面色调以白色为主，深灰色为辅，予人宁静朴素的感觉。而其外观多半用水平型的高墙封闭起来，山墙高出屋面以上，做成阶梯式形状，平稳中见深远，清雅中有变化。图为歙县县城斗山街民居，在狭长的巷弄中，只见屋顶及山墙此起彼落，充满韵律之美。深邃而绵长的空间，更透露出当地的静谧，即使偶有行人，亦是简朴的居民，充满质朴乡情。

黟县西递村民居

安徽黟县

民居意蕴中极重要的一点是外实内静，大面积的实墙在民居中屡见不鲜，除了其物质功能外，蕴藏在形式之中的意义便是静谧。实墙使宅内自成一个与外界隔绝的空间，形成外实内静的神韵。厚实稳重的外墙，阻隔了外面的肩摩毂击、熙来攘往、吆喝叫卖的嘈杂声，保持宅内的安静。图为西递村绣楼，实墙与瓦顶的对比，如同国画中的疏密关系，白墙、黑瓦处处交融，构成整幅流动的虚灵节奏。

黟县宏村月塘

安徽黟县

月塘作为一幢大型民居入口处的水塘，使民居在总平面上产生围合感，这种处理方法在许多地区都能见到。月塘犹如明镜，暗示出日光的明洁、塘面的平静、水色的清澈，图为黟县宏村月塘，绵延相连的民居在池水的倒影中摇曳生姿，产生朦胧缥缈的意境，宏村村内街坊整齐，住宅毗连，民宅多数为两层式建筑，造型优美，构图和谐，倒影掩映水中，更显朴实与环境的优雅。建筑与水面的结合也是皖南民居的特色之一。

歙县棠樾村牌坊群

安徽歙县

在皖南的石牌坊中，以棠樾村牌坊群最为著名。棠樾村位于歙县县城西边6公里处，村头大道上井然有序地排列着七座牌坊，以忠、孝、节、义等顺序依次排列，非常雄伟壮观。其中五座三间四柱冲天牌坊为清代所建，两座三间四柱三楼牌坊为明代所建。这组牌坊并非设置在一条直线上，而是沿路逐渐弯曲，中间还设置了一个路亭。牌坊为棠樾鲍氏家族旌表本族历史上卓著功德人物的建筑物，粗壮简朴，表现出徽派的石雕风格。

婺源汪口村民居

江西婺源县

婺源县历史上曾隶属徽州管辖，因此婺源民居与皖南民居在造型上十分类似，如外部的马头墙。由图中可看出，婺源县江湾乡汪口村民居的外墙十分简洁，只在山墙头另作艺术处理，形成江西民居的外观特征。这种阶梯式山墙既与两坡屋面相协调，又可生出千姿百态的景象。汪口村坐落在潺潺流水的清溪弯曲处，一如婺源县内许多村落，形成优美的村舍风光。河上古朴的木板桥倒映水中，形成摇曳的趣味，表现出深婉之情。

遂川民居

江西遂川县

许多江西民居的建筑方式是以马头墙把屋顶遮挡起来，由外看不见屋顶，唯有吉安地区遂川县部分地区将屋顶暴露出来。图为遂川县草林乡黄宅，草林乡是这类建筑形式的集中地区，因此这种形式的建筑又称为“草林民居”。深入探查后得知，此地居民多为客家人，虽由中原迁徙至江南，但其宅居大体上仍保持了中原地区民居的特点，即大部分屋顶为歇山顶，而这种形式，正是唐代之前中原地区的民居建筑特点。

龙南新里村李宅

江西龙南县

客家人在遂川县建大屋顶的民居房顶，再往南到赣南就形成“围子”的形式。围子是类似福建土楼的建筑形式，又称“土围”。图为龙南县里仁乡新里村沙坝李宅，是一个平面呈正方形的围子，每边高四层，其中地下一层，四个角各设一座敌楼，敌楼高五层，从外观上不难看出这种建筑的坚固防御性。尽管在造型上和福建土楼略有不同，但在平面布局及功能设计方面却没有区别，由此可见早期移民为了自保，才发展出这种极具防护性的堡寨。

龙南新里村李宅内部

江西龙南县

图为龙南县里仁乡里村沙坝李宅内景，与建土楼内部形式完全同。建筑暴露出木结构从二楼起出挑走道作为台，庭院内设置厨房、所、猪圈等附属建筑。关围子起源的时代，地志上并无记载，从现存例来看，大多为清代晚遗构。有趣的是，江西的子、广东的围屋及福建楼多处于同一纬度，至三者与客家文化的内在系，则仍在研究之中。幽的内院，充满宁静之意，民居的特点。

赣州黎芫村张宅后天井

江西赣州

外为封闭实墙、内为开敞空间是中国民居的特点，由住宅外部无法猜到内部空间的复杂与奥秘。图为赣州市湖边乡黎芫村张宅内部，厢房开间高大，室内设置结实的天花板，可以上人，主要用来储物及囤粮，实际上类似阁楼的形式，但未开天窗。图中的楼梯即是供出入而设置，楼梯下方是一个小房间，可以放置农具及其他器物。天井地面以石块铺砌，以防止“四水归堂”的雨水所带来的冲击，屋檐伸出较多，也有防止雨水对木构架和木门窗浸蚀的作用，设想周全。

凤凰县城民居

湖南凤凰县

中国民居的造型极具多样性，或为防御性强的土楼，或为宗族意识强烈的合院，或为木构，或为石筑，各有其特色。予人的审美感受亦因其造型而异，或有阳刚之气，或有婉约之美，更有神秘诡奇、雅拙天真的意趣。图为湘西凤凰县城的一角，日暮人归之后，原来游人如织的喧闹街道变得冷清，踏在石板路上，幽思怀古之情油然而生。近端木构筑的屋面、远处高大巍峨的城楼和曲折延伸的路径，使人仿佛置身于一幅绝美的图画中。

凤凰拉毫寨

湖南凤凰县

各地民居有其独特的形象，因此自然会有个性上的差异。不仅外形各异，在建筑选材上也具多样性，就墙壁而言，即包含木板壁、井盖壁、编竹夹泥墙、苇帘墙等。图为湘西凤凰县拉毫寨，为石板墙，是以厚数厘米的乱石板平砌而成，屋面也以薄石板作为瓦片，取材朴素，风格清淡，如“轻缣素练”，情趣盎然。在中国西南等地，有些石头碉房高达数十米，亦以乱石砌成，这种惊人的绝技，充分体现出中国少数民族的智慧。

凤凰县城吊脚楼民居

湖南凤凰县

人民生活离不开水，因此常沿河而居，以便利交通及生活。但为防止水的危害，因此，多以木柱、砖柱或石柱将近水部分悬空架起，形成吊脚楼，即使是湘西山区的凤凰县也有这类做法。吊脚楼都是在宅基地不足的情况下才建造的，一方面是技术能力和生活要求的巧妙安排，另一方面也反映了人们的智慧。凤凰县城沿河的吊脚楼展现出一幅生活画面，架空的基础、沉寂的房垅、平静的水面，相映成趣，表现了民居虚、实相从的奥妙。

阆中马王庙街民居

四川阆中县

今日常见之传统民居形制至少已历经2000年以上的历史，由墓葬的陶质明器房屋中即可看出汉代房屋基本为木结构，屋顶则为悬山等多种形式；而由四川成都出土的画像砖中更可见汉代宅院的形式，大木构架已成为抬梁式和穿斗式，与今日民居无异。图为阆中县城内马王庙街的一条小巷，由墙面可知为穿斗式建筑，屋顶为悬山式，顶覆黑瓦。风格古朴、别具风韵的瓦屋长檐、深街窄巷，行于其间，有缅怀古人之想。

阆中蒲家大院槅扇门

四川阆中县

自古以来人们即喜由窗、户、庭、阶、帘、屏、栏、园中吐纳世界景物，因此格外重视门、户的设置与装饰。图为阆中县城笔向街蒲家大院槅扇门，门面玲珑精致，装修雕饰变化万千，其上或空花，或浮雕，或简或繁，或疏或密，均布局得体。构图别致的槅扇门无异是一幅幅艺术画屏，精致的木雕镂刻出奇花异卉、琴棋书画、珍禽异兽及福禄寿喜等，处处显露出生民所向，宛若一部展现唐、宋以来民间风情的百科全书。

阆中县城街道

四川阆中县

中国文人素爱俯视，认为登高以临天下，有凌虚御风之快。从高处望去，民居的房顶鳞次栉比，与白色的墙壁虚实相生，是最能激发人们情感的观赏角度。图为由上俯视阆中古城某街道，居高临下，在层层黑黑屋瓦之间，或可见穿斗式构造明显呈现的白色壁面，也可见出悬山及歇山式的屋顶变化。屋檐向外伸出，便于行走或做些小买卖，并提供雨天时的暂避所。整体建筑繁而不乱，密而不杂，显示出一个地区民居的整体性。

阆中民居

四川阆中县

尽量利用高大的建筑物，并将之组织到街道的对景中是建筑的常见手法之一，如村镇中的钟鼓楼、跨街的牌楼、过街楼等；或有在Y形路口的尖端地段建造高大的庙宇以为对景。图中的高楼是阆中古城的市楼华光楼。阆中古城依地形北高南低而顺坡势安排街道，东西街道多而长，南北街道少而短，如此可减少土石用量，又可使道路平整。按等高线布置的民居高低错落，层次丰富，视野开阔，且通风良好，是宜人居住的好环境。

阆中民居天井

四川阆中县

阆中四面环山，是一个小盆地，其民居具有典型的四川特点，多为穿斗式构架，院落中间设小天井，外墙则多为编竹夹泥墙。与其他地区民居不同的是，阆中民居出檐深远，主要是为适应当地炎热多雨的气候。一般檐下即为廊道，故屋檐在结构上都用挑枋出挑，走廊不设柱子。图为阆中县城某宅天井，四大片屋顶环绕而成的小天井，利于通风及采光，也有利于下雨天的排水。整体布局婉转，房顶紧密相连，可见人民之间往来极为密切。

雅安许家湾民居

四川雅安县

中国人很早以前就讲求与大自然产生默契，悠然共处。人向往绿树，喜欢晶莹的溪水和轻波荡漾的湖泊，即是如此的渴求，因此民居多取材于自然，立足于自然，与自然环境产生不可分割的联系。图为雅安县上理乡许家湾某宅，坐落在小树林中，人居其间，沐浴在青山绿树之中，凉爽舒适，有“结庐在人境，而无车马喧”的静谧感受。由此可见，高楼重院并非人民的渴求，舒畅自然才是中国人民追求的幸福。

雅安民居

四川雅安县

花木葱茏，美不胜收，这是民居与周围优美环境所产生的和谐意境。对于寻幽访胜的人而言，往往在山野之中、小林背后偶然发现一座独立的民居，这不仅富有逸趣，而且产生一种幽静感。图为雅安县上理乡民居，宅隐于树丛之间，若隐若现，有遗世独立之意，周围绿树成荫，阡陌纵横，好一派宁静的田园风光。房屋建筑采用四川常见的穿斗式形制，出檐深远，顶覆黑瓦。由雅安民宅中，传统民居人与自然的和谐关系得以证实。

永安民居门神

福建永安县

贴门神是民间的一种岁时习俗，它包含对神明、祖先的敬意及祈福、避邪的意愿。《月令广义·正月令》中提及黄帝之时有神荼、郁垒兄弟二人能执鬼于桃树下，后人遂画其像于桃板上，列于门户，并于下方书写其名。这种“桃符”是门神画的前身，以后简化其法，变雕刻为绘画，并有钟馗门神、祈福门神和武士门神等多种形式。图为永安县西华乡某宅门上所画的祈福门神，造型夸张，色彩醒目，融会了人们对美好生活的追求。

(摄影/狄祥华)

南安民居

福建南安县

福建民居以其意境高远、哲理深奥、形式奇特而闻名，除土楼外，福建还有许多独特的民居形式，被称为“红砖文化”的泉州民居就是与众不同的一支。这种红砖文化，一直影响到台湾的民居。图为福建南安县官桥镇漳里村民居，该村是一个十分典型的泉州民居村落，村庄在兴建时就有统一的规划。图中所示为漳里村某宅，外墙以红砖垒砌成各式图样，简朴中呈现多变的特质。大脊末端高昂，为闽南建筑惯用的燕尾，建筑外观活跃灵动。

龙岩民居

福建龙岩县

福建民居有多项特点，如规模大、变化多、细部精。图为龙岩县上杭乡上杭村某宅，在建筑外观上，硬山、悬山、歇山顶混合应用，产生多变、轻快灵活的感觉。大门与墙面相结合，而将门顶单独挑出，左、右窗户或以直棂条饰之，或以砖雕成各种镂空的花样。二楼出檐深远，做成走廊形式，以利往来交通。白墙、黑瓦，与周围环境相结合，情韵悠然，风貌绮丽，充满乡野之趣，与泉州式红砖民居相比又有不同的情趣。

龙岩天成寨

福建龙岩县

福建土楼是中国民居中令人瞩目的奇葩，不仅有柔媚绮艳的风姿，还有清刚道健的骨格，同时兼具神秘感。土楼包括：单体土楼，组成院落后楼殿参差，檐牙错落，秩序感十足，但防御性不够；方形土楼四面高墙围合，满足了防卫的要求，又以严整的规整造型表达出传统宗法制度的尊严。尽管如此，圆楼还是最引人注目的土楼形式。图为龙岩县适中乡天成寨，是一座四层椭圆形圆楼，正门上方有一挑斗，利于防卫。原来二层以下未设窗，今房主为了通风而开设许多窗子，形成目前所见。

华安二宜楼内部

福建华安县

二宜楼是超大型双环圆楼的代表作，位于闽南华安县仙都乡大地村。整座圆楼直径达73.4米，底层土墙厚度达2.5米，为单元式建筑，且兼有内通廊式圆楼的特性。此外，二宜楼还具有数个特点：一为设有隐通廊，在四层的外侧有一圈通廊，每家后面设门通向隐通廊，便于防御时调动兵力；二为每个单元底层都有一个之字形的传声洞，在建楼时即预先设计，使箭无法射入而声音可以传入；三为楼内设有暗道，平时为下水道，当被围困时，即可由暗道逃出。其精密的设计，使二宜楼不愧其“圆楼之王”的美名。

永定环极楼

福建永定县

永定县湖坑乡南中村的环极楼是福建土楼中最美的圆楼之一，建于清圣祖康熙四十四年(1705年)，康熙四十八年落成，至今已逾280年。环极楼为三层相套的建筑，直径44.68米，外圈高四层，每层设34个房间、四个公共楼梯。内圈建筑是10个客厅，每个客厅都有一个小天井。内圈并建有男、女浴室各两间，男浴室在中心一侧，女浴室在外边一侧。图为由环极楼内部外望，可看到外圈及内圈的建筑。

永定振成楼大门

福建永定县

振成楼位居永定县湖坑乡洪坑村， 是一座内通廊式圆楼， 占地5000平方米。 振成楼装饰精美，楼内许多地方至今还保存了一些楹联。内门两侧刻有“振刷精神担当宇宙，成些事业重裕后昆”；祖堂内则悬挂“振作那有闲时，少时、壮时、老年时，时时须努力；成名原非易事，家事、国家、天下事，事事要关心”。这两副对联在句首都嵌入楼名“振成”二字，信口信手，率然成章，言近旨远，发人深省。图为振成楼大门，门联亦为“振成”二字。

振成樓
威鳳祥麟
振綱立紀
成徳達材

永定振成楼内部

福建永定县

振成楼为抬梁式房顶结构，建筑分内、外两环，外环四层，每层48间。总平面按八卦分隔，每卦六间，设一楼梯，卦与卦之间筑防火砖墙，以拱门相通。内环高两层，下层全是客厅，上层为一通廊，作为看台。楼的中间是一座戏台，演出时，客人坐在二楼通廊上看戏。图中可以看到三、四层的一圈内廊围栏是美人靠，四层地板上全部铺砖，质朴明快。每卦之间明显的区隔却又紧密相连的房舍，充分显示圆楼内各户间密切的往来。

南靖土楼群

福建南靖县

闽南山区的土楼村寨中，往往是多种土楼形式并存，或圆或方，形式多变。图为南靖县书洋乡田螺坑村土楼群，书洋乡地处林区，山谷、小溪、土楼群结合成美丽的景致。公路沿溪弯曲，两岸土楼民居宛若世外桃源。从图中看来，近处的圆楼是和昌楼，左侧圆楼为瑞云楼，居中的方楼是步云楼。右侧的圆楼是振昌楼，是其中建造年代最早者，最晚建成的是远处椭圆形的文昌楼。圆楼具有平等、聚族而居等特点，仍是现代人喜爱的一种建筑形式。

南靖怀远楼

福建南靖县

坐落在福建西南交界山区南靖县梅林乡的怀远楼是中型圆楼的代表，也是内、外结构维护较佳的圆楼之一。怀远楼直径38米，外环高四层，而在天井中正对大门处建立一座祖堂和私塾，称为“斯是室”，极具文雅书香气。内部辟34个开间，四座楼梯均匀分布。沿着一米宽的回廊围绕斯是室又建了一圈猪舍鸡栏，在平面上形成两环。图为怀远楼外观，可见此楼四角顶跳出的哨台，比周围几座土楼多了几分堡垒的威严与神秘感。

平和树滋楼

福建平和县

树滋楼位居平和县宜谷径村，建于乾隆五十四年(1789年)，是一座保存较完好的三层内通廊式圆楼。尽管建筑体只有一环，但底层向内伸出，每层设26个房间，每间又各自有内楼梯从一楼通向三楼，因此又是相对独立的26个单元，兼具单元式与通廊式圆楼的特点。由于只有一环建筑，因此庭院很大，居圆楼中心。庭院以卵石铺地，以圆心为中心，形成一个放射性图案，只要站在中点向楼内呼喊，就能形成回声。图为树滋楼庭院望圆楼建筑。

梅县宇安庐堂屋

广东梅县

客家人是公元4世纪初(西晋末年)、9世纪末(唐朝末年)和13世纪初(南宋末年)由黄河流域逐渐迁徙到南方的汉人，今主要分布在广东、福建及台湾等省份。为防止盗匪，客家人多在偏僻山区聚族而居，集体防御，因此由单家小屋建成连居大宅，进而建成多层高楼，围垅屋即是其中一种。梅县南口镇客家围垅屋宇安庐是围垅屋的代表作，其平面分为前、后两部，图为前部。前部近方形，是三堂屋加两侧横屋的组合体，严谨对称，厅堂装饰极为富丽堂皇，建筑规模宏伟。

梅县宇安庐围屋

广东梅县

宇安庐后半部是半圆形，由正中的围屋厅和14间平面为扇形的围屋所组成，围屋与正座建筑之间以过道相连接，过道也是围垅屋通向两侧侧门的交通道。围垅屋结合地形而建于山坡，不占农田，故房屋为前低后高的形式。后部半圆形的围屋与正座前半圆形的池塘相呼应，整个围垅屋形成一个完整的圆形。此外，围垅屋外墙浑厚，不设窗户或只开小窗，封闭性强，利于内部的团结、互助和保卫，是广东省客家地区一种特殊的建筑类型。

三江岩寨风雨桥

——广西三江县

侗族所聚居的地区山峦叠嶂，森林茂密，河溪纵横，因此侗族村寨多建于山麓河畔，桥梁对于沟通村寨有着极重要的意义。在侗族山区，既能作为侗寨标志，又能集侗族建筑艺术于一体的村寨公共建筑，主要是风雨桥和鼓楼。风雨桥架于离寨不远的河上，与民居建筑风格一致，色彩谐调，十分统一。图为岩寨风雨桥，桥墩由青条石垒成，其余部分全为木结构，桥身不加粉饰，显露木、石本色，淡雅大方，与侗族纯朴民风谐然一体。

三江平寨民居

广西三江县

近亲连排建筑木楼，是三江县侗族乡民常用的方法之一，侗族村寨中至今仍保存许多连排式木楼。建造的方法是以血缘为纽带的同宗共姓多户人家，共同开宅基，共同雇请木匠，按照同一尺寸设计，预制梁柱构件，择定时间，并同时请亲戚朋友来安装新屋框架。侗族村寨一般都沿水而建，村头和村寨中也保留一些水面空间，水面空间不仅为人们的生活带来方便，也丰富了村寨景观。木楼倒映在水面上，清丽婉转，柔情似水。图为三江县平寨民居。

黎平地平寨花桥

贵州黎平县

风雨桥在历史上称廊桥或楼桥，俗称花桥。据史籍记载，廊桥起源在公元3世纪初前后，但作为建筑习俗保留下来并继续建造的，现只存侗族村寨而已。在桥面上加盖长廊，目的是遮阳避雨并保护木质桥体，过往行人可以在桥上憩脚和观赏两岸景致，桥体绵长，气象不凡。图为黎平县地平寨民居及花桥，村寨设在小山之上，民居色调深沉，予人舒畅之感，近处的花桥色调明朗，情景宜人，充分展现侗族民居清朗明亮的特色。

从江民居与鼓楼

贵州从江县

在侗族民居中，除风雨桥外，鼓楼为其村寨中另一种不可少的公共性建筑。图为从江县高增村民居，图中高耸的建筑物即为鼓楼。民居建筑为干阑式，多数高三层，底层架空，上覆悬山或歇山顶。鼓楼则呈六角形，外貌与密檐式佛塔相近，底层最高，其上为奇数的多层密檐相叠，层层向内收分，顶部做成攒尖顶。鼓楼建筑高大，耸立于四周民舍之上，成为全村寨的中心，也是侗族民居中重要的标志。

雷山千家寨民居

贵州雷山县

在中国南方山区，村镇往往是竖向布置，形成层层交叠的构图，风格秀丽婉约而灵活。图为雷山县西江区千家寨，为一侗族村寨，建筑外观为干阑式。干阑式住宅历史悠久，其特点是以竹、木为梁柱搭成小楼，上层住人，下层养牲畜或作为储存杂物之用。眺望在山林之间的千家寨民居，可明显感觉侗族民居的蕴藉含蓄，层层屋舍映照在秋江寒水之中，并以苍山为衬底，画面意境宁静深远。依山而建的村舍，更显示侗族人民的顺应自然。

雷山千家寨

贵州雷山县

山区民居的布局最能准确地表现出冈峦体势。图为雷山县西江区千家寨，村寨中均为干阑式楼阁建筑，屋顶或为悬山，或为歇山，有仰合瓦屋面，也有树皮屋面，直率自然，别有韵味。楼内每家都设有火塘，逢炊煮之时，整个村寨都笼罩在一层漠漠轻烟中，更能显出木楼的清幽。山寨一般都用竹筒将山泉从数里外引到村寨，再用竹筒分股引到各家门前，这种方法称为“竹筒分泉”，长年不断。清泉流淌之间，与山林间的风摇树动，构成山寨中流动的画面。

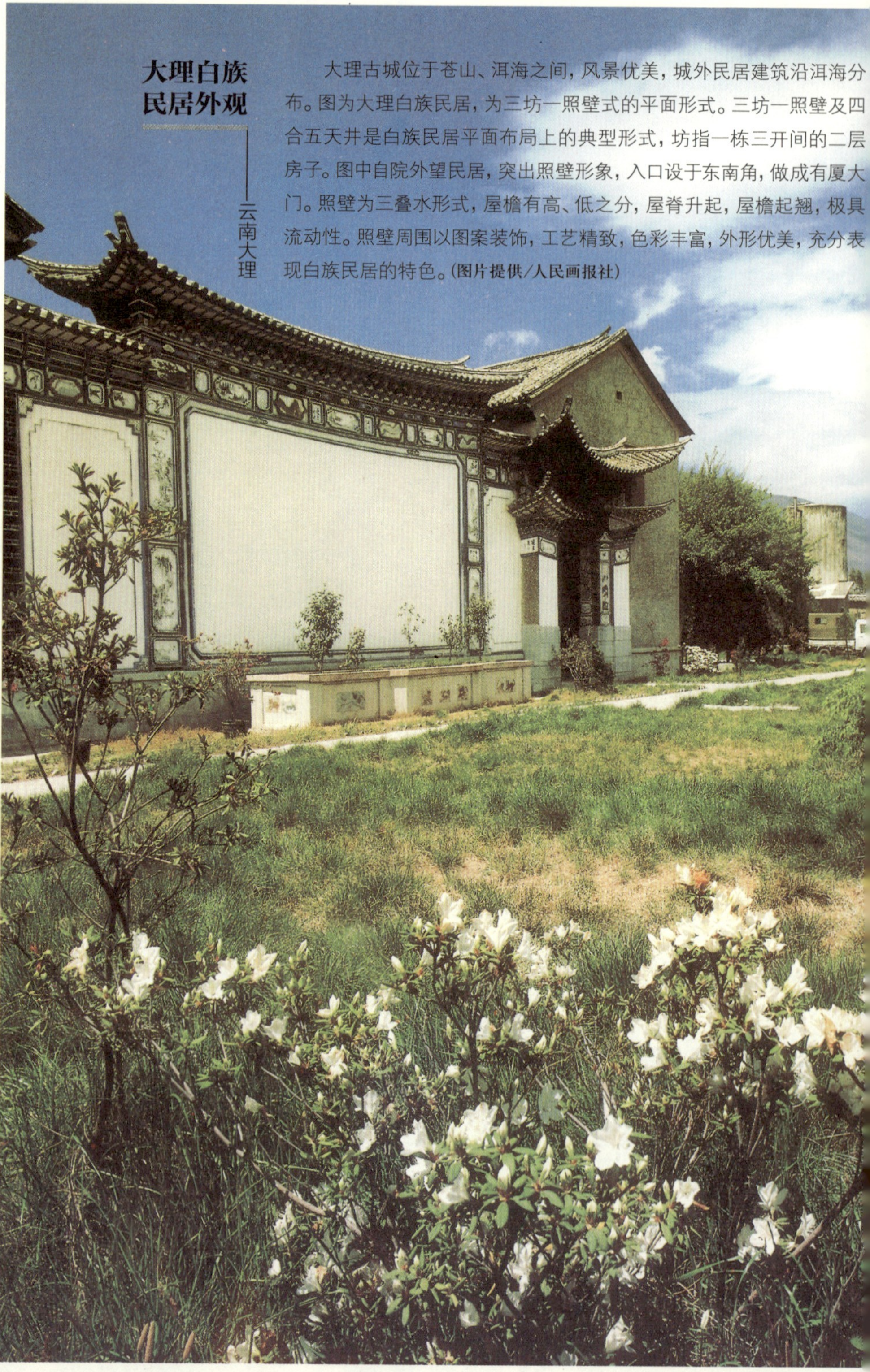

大理白族民居外观

云南大理

大理古城位于苍山、洱海之间，风景优美，城外民居建筑沿洱海分布。图为大理白族民居，为三坊一照壁式的平面形式。三坊一照壁及四合五天井是白族民居平面布局上的典型形式，坊指一栋三开间的二层房子。图中自院外望民居，突出照壁形象，入口设于东南角，做成有厦大门。照壁为三叠水形式，屋檐有高、低之分，屋脊升起，屋檐起翘，极具流动性。照壁周围以图案装饰，工艺精致，色彩丰富，外形优美，充分表现白族民居的特色。(图片提供/人民画报社)

大理民居门楼

云南大理

传统民居大门两边的建筑形式基本上采取对称式格局，但也有做成不对称形式者，更能显出门楼的活泼清新。白族民居极重视大门装饰，大门可分为有厦门楼和无厦大门两大类。有厦门楼历史悠久，手法成熟，格式固定，一般为三间牌楼形制，两侧尖长的翼角翘起，檐下有斗栱装饰，极为精致华美。无厦大门的历史较晚，形式无格律，手法也多变异。图为大理喜州民宅门楼，为无厦大门，门楼雕饰精美，坐兽造型精巧可爱，不受传统造型的规范，更显活泼自然。

萨迦民居

西藏萨迦县

碉房是藏族民居的主要形式之一，主要使用石材、木材、土坯、阿嘎土等为建筑材料。碉房或可建筑至八九层高，可见藏族工匠在石作、木作、土作方面的高度技术。碉房建筑是石墙或土坯墙与木梁柱的混合结构，外墙与内墙的承重全部以块石砌筑或全部以土坯砌筑，或为二者混用。砌筑的石材选择较方整的毛石，以阿嘎土作灰浆，不勾缝。外墙收分为十比一，形成下大上小的造型，因此墙体非常坚固，不易坍塌。萨迦县民居即为碉房建筑。

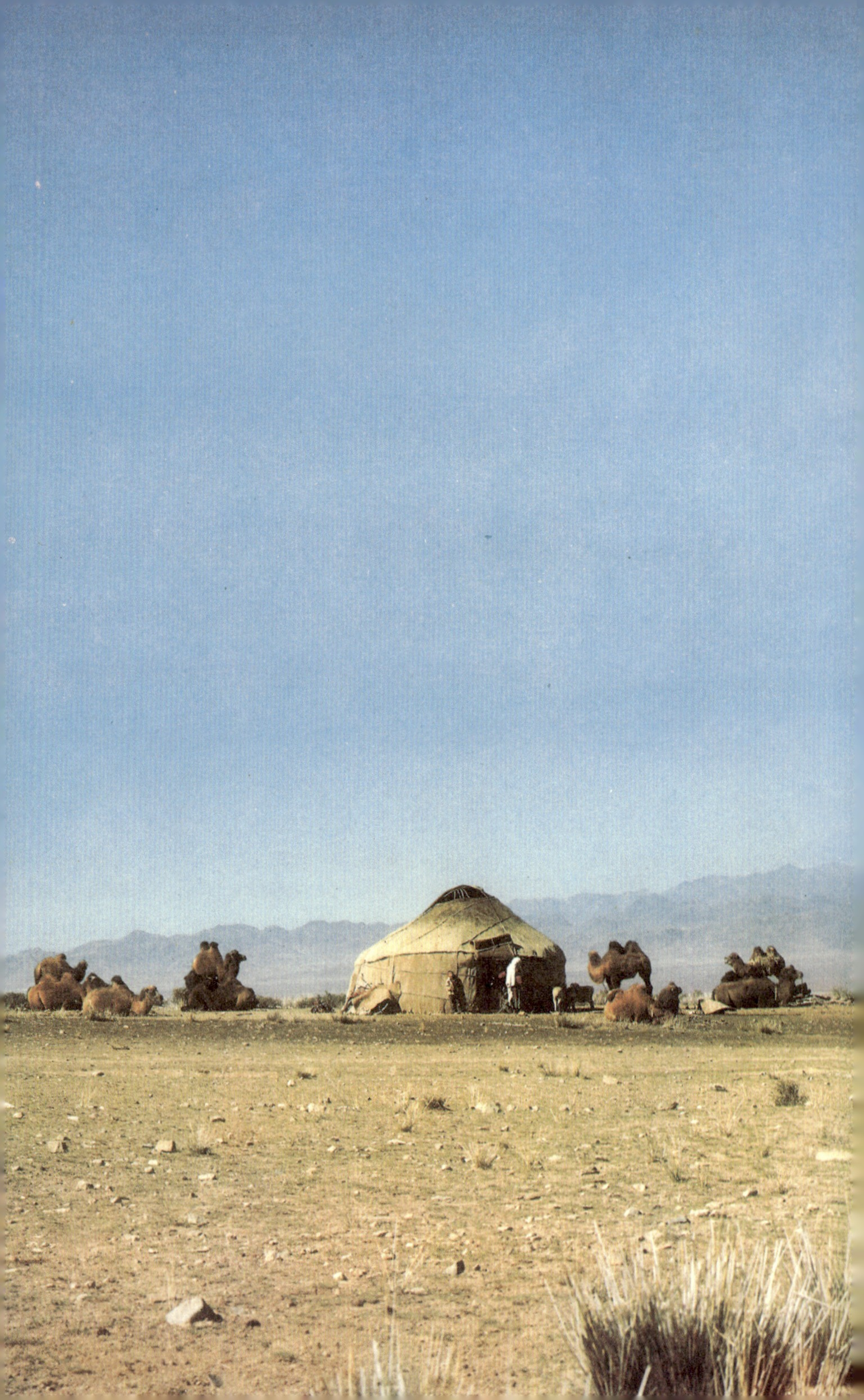

巴里坤毡帐

新疆巴里坤县

古代文献中将毡包称为“穹庐”、“毡帐”、“旃帐”等，指蒙古族居住的处所，满语则习称“蒙古包”，中国境内蒙古、哈萨克等族牧民居住的帐篷，就是这种毡帐。哈萨克族是由古代乌孙、突厥、契丹和后来部分蒙古人在长期相处中发展而成，因此习性与蒙古族相似。其毡包一般为圆形，多用条木结成网壁与伞顶形，上盖毛毡用绳子勒住，顶中央有圆形天窗，易拆装，便游牧，图为哈密地区巴里坤县海子盐湖畔的哈萨克族毡帐。

喀什民宅

新疆喀什

喀什是维吾尔族人最集中的城市，维吾尔语称为“喀什噶尔”，居新疆西南部、喀什噶尔河上游，为南疆中心，是一个具有千年历史的古城，也是古代通往中亚的“丝绸之路”要站。喀什、和田等处用砖、土坯外墙和木架、密肋相结合的平顶住宅结构，依地形组合为院落式住宅。城市空间、街道风情显示了西部边陲城市的特有风貌。因城市建筑用地较少，所有喀什民居多为两层以上的楼房。图为喀什吾斯唐布依区巴格其巷49号宅。

喀什民宅内景

新疆喀什

维吾尔族因信奉伊斯兰教，因此其室内装修亦深受伊斯兰教影响，拱廊、墙面、壁龛、火炉、密肋、天花等处，雕饰精致。普通人家室内装饰较为简单，即使如此，维吾尔族民居室内仍常以彩画作装饰，窗户棂条的组合则使用各种精巧的几何形纹样，形成华丽细致的艺术气氛。图为喀什吾斯唐布依区158号宅内景，室内陈设简朴，设板门，其上则为圆拱形门罩，雕花草纹饰，简朴中有精致，不失华美之情。

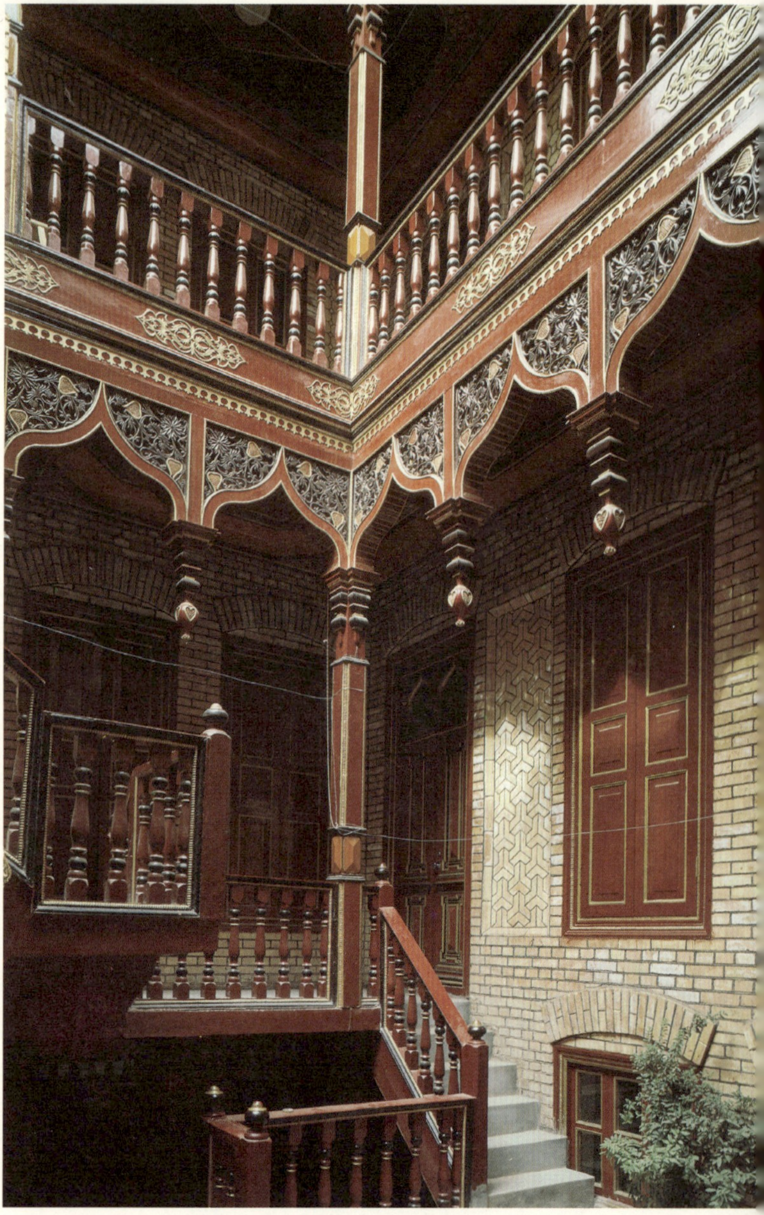

喀什亚朵其巷民宅

新疆维吾尔族民居大致不外乎四种代表性形式：一为喀什的楼房，一为和田的“阿以旺”，一为伊宁的西亚风格住宅，另一种为吐鲁番的带半地下室住宅。图为喀什吾斯唐布依区亚朵其巷6号宅，为楼房式建筑。其建筑受伊斯兰教信仰的影响，具有西亚、中东建筑的某些特点，住宅柱廊的柱头形式很多，柱头雕刻也很细致。柱与垂柱之间作尖拱形，其上雕饰精美的花草图案，鲜丽的色彩，更表现出新疆民居的丰富多姿。

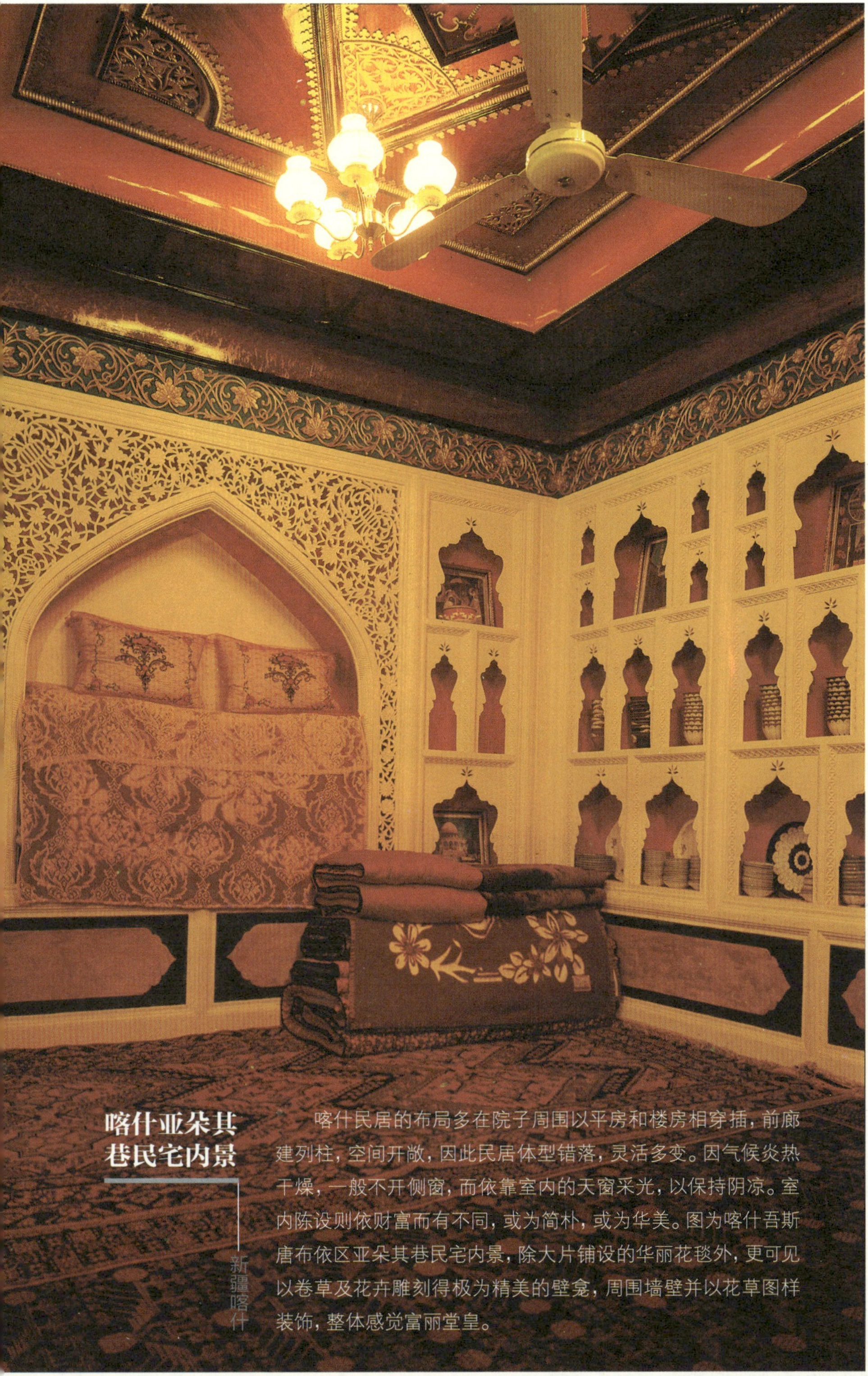

喀什亚朵其巷民宅内景

新疆喀什

喀什民居的布局多在院子周围以平房和楼房相穿插，前廊建列柱，空间开敞，因此民居体型错落，灵活多变。因气候炎热干燥，一般不开侧窗，而依靠室内的天窗采光，以保持阴凉。室内陈设则依财富而有不同，或为简朴，或为华美。图为喀什吾斯唐布依区亚朵其巷民宅内景，除大片铺设的华丽花毯外，更可见以卷草及花卉雕刻得极为精美的壁龛，周围墙壁并以花草图样装饰，整体感觉富丽堂皇。

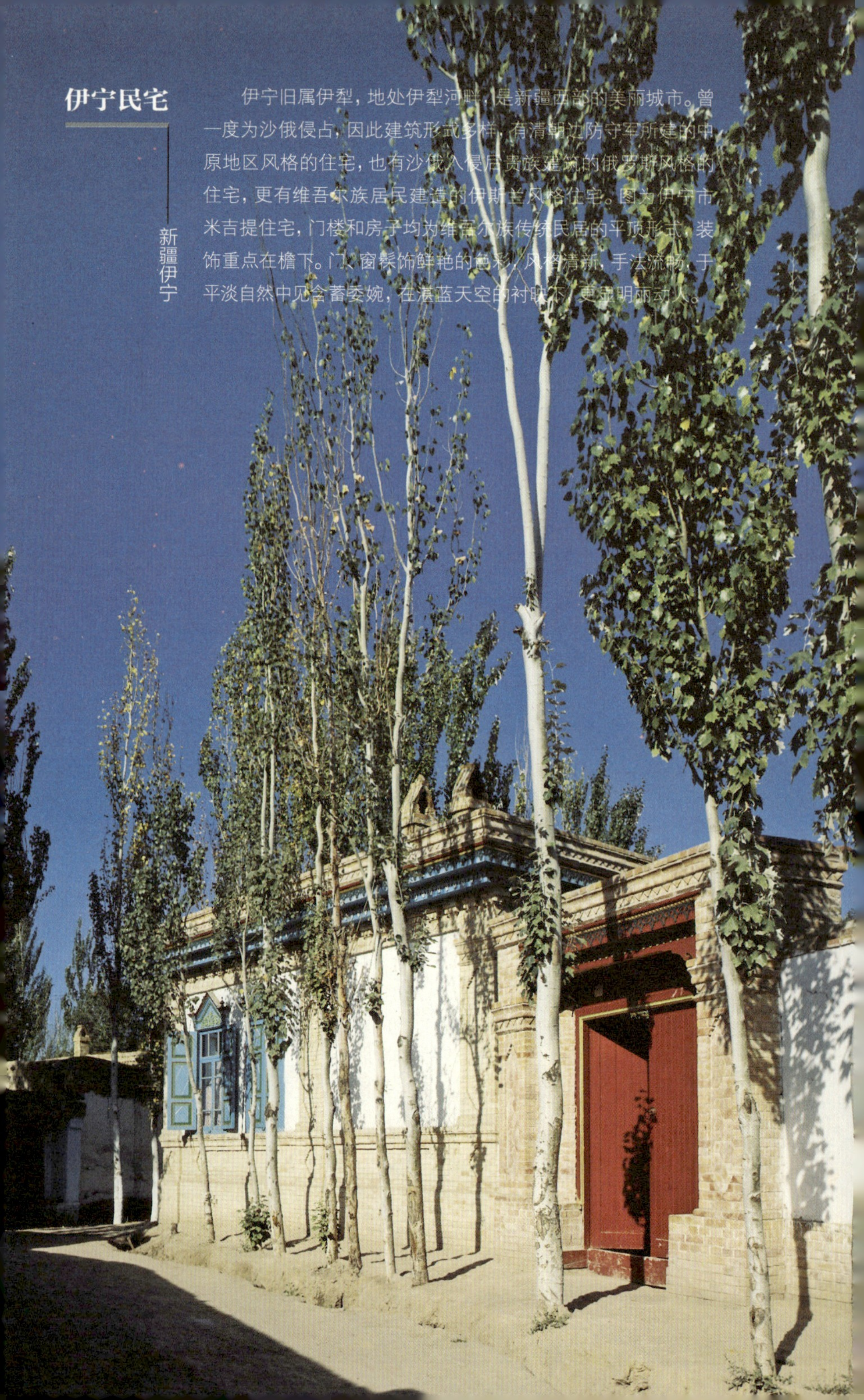

伊宁民宅

新疆伊宁

伊宁旧属伊犁，地处伊犁河畔，是新疆西部的美丽城市。曾一度为沙俄侵占，因此建筑形式多样，有清朝边防守军所建的中原地区风格的住宅，也有沙俄入侵后贵族建筑的俄罗斯风格的住宅，更有维吾尔族居民建造的伊斯兰风格住宅。图为伊宁市米吉提住宅，门楼和房子均为维吾尔族传统民居的平顶形式，装饰重点在檐下。门、窗装饰鲜艳的色彩，风格清新，手法流畅，于平淡自然中见含蓄委婉，在湛蓝天空的衬映下，更显明丽动人。

人字拱：汉末至唐时期盛行的一种建筑装饰。在额枋之上用人字形的拱木来承重。
三合院：由三座房屋与一面围墙组成的居住空间。
女儿墙：砌在平台屋顶上或高台、城墙上的矮墙。
山墙：建筑物两端之墙。
井亭：建在水井上面的亭子。有的屋顶中间是漏空的，可使井水见到天日。
天井：（1）四面或三面房屋和围墙中间的空地，也指室内露天的小空间。其形如井而露天，故以为名。（2）古代指天花板，也称承尘、藻井
天花：建筑物内部木构顶棚，以木条交错成为方格，上铺板，用来遮蔽梁以上的部分。
月梁：卷棚式梁架最上一层梁，亦称顶梁。
水磨砖墙：在砖墙外不抹灰的称为清水砖墙。砖在砌墙以前，用水在石料上按尺寸磨平，砌得严丝合缝的墙为水磨砖墙。
火塘：干阑式民居中设在地面上的一种灶，这个在地板上凹下去的火灶，终日不息，并可用来烧水、煮饭、烤衣服，是原始人对火崇拜习俗的延续。
出檐：屋顶伸出至建筑物之外墙或檐柱以外，谓之出檐。
包面砖：土墙或其他材料墙体外皮作为饰面的砖。
台基：高出地面的建筑物平台，用以承托建筑物并使其避免地下潮气的侵蚀。
四合院：中国传统的院落式住宅，其布局特点是四面建房，中间围成一个庭院。基地四周为墙，一般对外不开窗。
平屋顶：排水坡度一般小于10％的屋顶。
正房：在住宅主要中线上的主要建筑物。
瓦当：即勾头。屋顶檐头每陇瓦最前面的筒瓦之头，其上多有纹饰和文字，作为装饰之用。早期为半圆形瓦当，秦、汉以后流行圆形瓦当。
次间：在建筑物明间两侧与梢间之间的部分。
耳房：位于堂屋两侧端的小屋。
囤顶：中国建筑的屋顶分为两类：一类是平的或近乎平的；另一类则作为铺瓦的斜面。在前一类中，筑成中部略高的弧面，能向两面排水，称为囤顶。
乳丁：古代贴面砖背后凸出的乳头状物体，功能是使贴面砖的附着力更强。
亚脊：即十字屋脊相交的形式。
两坡水：人字形的屋面称两坡水。
卷棚：屋顶前后坡相接处不用脊而以弧线联络为一体的结构法。
坡屋顶：排水坡度一般大于10％的屋顶。
披檐：重檐房屋屋面以下的腰檐。
明间：建筑物正面中央两柱间的部分。
板瓦：铺于屋顶上的横断面为小于半圆的弧形瓦。
空心墙：用望砖砌成中间带空的墙，如斗子墙等。
花墙：带透空花格的墙，有分隔空间、遮阳和通风的功能，又富于装饰性。
门洞：在围墙、走廊、亭榭等建筑物上设置的不装门扇的门孔。可分隔和联系不同空间景区，使空间流通延伸，层次丰富。
门楼：对中国传统住宅大门的一组部件的统称：门上部的挑檐，门侧的砷石（抱鼓石），门上的门簪，门外的台阶垂带，以及门旁的侧墙等。不过，简易的小门楼只有上部的挑檐。
垂花门：旧式大型宅第经常在大门之内又设第二道门。门上常做装饰性很强的门楼。其木梁架四角有悬吊式短柱承载前后檐额枋，短柱下端雕有花饰，故名垂花柱。此门也被称为垂花门。
封火山墙：即马头墙。因马头墙在火灾时有防止火势向隔壁房屋蔓延的功能，故得名。
屋面：是屋顶的上覆盖层，包括面层和基层。面层的主要作用是防水和排水，基层具有承托面层、起坡、传递荷载等作用。
柱础：由石块雕成，高略等于柱径。有圆鼓形、瓜瓣形、莲瓣形及八角形等，可防水渗入木柱，亦有美观作用。
穿斗式：中国古代建筑木构架的一种形式，这种构架以柱直接承檩，没有梁，而以数层“穿”贯通各柱，组成一组构架。
美人靠：又称“吴王靠”、“鹅颈靠”，因靠背弯曲形似鹅颈而得名。于柱间做半墙或

半栏，上设坐槛，另作鹅颈靠背，在靠背边框两端开榫与坐板相连，用铁钩与柱连接。

重檐：两层以上的屋檐谓之重檐。

面阔：建筑物正面柱与柱间之距离。建筑物正面之长度称通面阔。

倒座：在建筑物主要中线上与正房相对之屋，一般为北向的房间。

马头墙：房屋山墙处呈阶梯状跌落并高出屋面的墙壁,又叫封火山墙。顶部常做突出线脚和小青瓦檐脊。

乌头门：地上栽两根木柱，柱间上方架横额，形成门框，内装双扇门，宋代因柱头装黑色瓦筒，故称乌头门。

堂屋：即正房，在住宅主要中线上的建筑物。

密肋：不是用梁承重，而是用许多肋板横竖密排承重的结构。

望砖：铺在屋面椽条上的薄砖。用以承托瓦片，对防止透风、落尘起一定作用，并使室内的顶面外观平整。

清水砖墙：表面不加粉刷或贴面材料的砖墙。墙身灰缝一般用水泥砂浆填嵌或加描白缝，墙面外观整洁、朴实。清水砖墙多用于外墙，有时也少量用于内墙作装饰。

厢房：正房之前，左、右配置之建筑物。

牌坊：原来是里坊的一种门制，后来用以标榜功德，同时划分或控制空间。一般采用木材、砖石、琉璃等材料建造。

牌楼：两立柱之间施额枋，柱上安斗栱檐屋，下可通行之纪念性建筑物。

硬山：传统建筑双坡屋顶形式之一，特点是两侧山墙与屋面齐平或略高于屋面。

梢间：五开间建筑物在左右两端之房间。

筒瓦：铺于屋顶上的横断面约成半圆筒形之瓦。

跑马楼：楼围合成一个方形，在方形的内缘设廊，人可在廊中环行，称跑马楼。

进深：建筑物由前檐柱至后檐柱间之距离。

开间：建筑物柱与柱间的距离。

歇山：由四个倾斜的屋面、一条正脊、四条垂脊、四条戗脊和两侧倾斜屋面上部转折成垂直的三角形山花墙面组成,形成硬山与庑殿相交所成之屋顶结构形式。因屋顶有九条脊,所以又称“九脊顶”。

游廊：建筑群中用以联络之独立有覆盖的走道，是园林或院落中一个与室外环境既隔且连、富于变化的空间。

过街楼：路两侧的楼房，在二层或三层用楼的形式连接起来，这个连接部分称过街楼。

隔断：分隔建筑内部空间的竖直构件。

饰面：建筑物构件(柱、梁、楼板、墙面等）表层的装饰部分。

椽：桁上与桁成正角排列以承望板及屋顶之木材，其横断面或圆或方。

漏窗：通常用砖瓦磨制镶嵌在墙面上，构成透空的花纹图案，用以装饰墙面，并沟通窗两侧的空间。

槅扇：一种雕饰精美的室外或室内分隔木构件。

尽间：七开间房屋两端的房间。

彻上露明造：也称彻上明造。就是屋顶的下面不加天花板或其他遮挡的装饰，暴露出屋面下部的椽子和望砖的形式。

影壁：建在院落的大门内或大门外，与大门相对作屏障用的墙壁，又称照壁、照墙。古称门屏，其形式有一字形和八字形等。

庑殿：我国传统建筑屋顶形式之一，由四个倾斜的坡屋面，一条正脊（平脊）和四条斜脊组成，所以又称“五脊顶”。四角起翘，屋面略呈弯曲。

鸱吻：古代屋顶正脊上两端的兽头形装饰物。

檩：即大木式之桁。它是放在梁上，用以承托椽子的木构件。

搁栅：亦称“龙骨”。支承地板、楼板、顶棚或隔墙板的小梁或小柱。

举折：屋顶横断面的曲线是由举（即脊檩的升高)和折（即椽线的下降）所造成的，有利于屋面排水和檐下采光。

额枋：联系檐柱的木构件。在有斗栱的建筑中平身科斗栱即放置在额枋上。

槛窗：窗扇上下有转轴，可以向内或向外开合之窗。窗下为槛墙。

攒尖顶：平面为圆形、方形或其他正多边形之建筑物上的锥形屋顶。

附录二 / 中国古建筑年表

朝代	年代	中国年号	大事纪要
新石器时代	前约4800年		今河姆渡村东北已建成干阑式建筑(浙江余姚)
	前约4500年		今半坡村已建成原始社会的大方形房屋(陕西西安)
	前3310～2378		建瑶山良渚文化祭坛(浙江余杭)
	前约3000年		今灰嘴乡已建成长方形平面的房屋(河南偃师)
	前约3000年		今江西省清江县已出现长脊短檐的倒梯形屋顶的房屋
	前约3000年		建牛河梁红山文化女神庙(辽宁凌源)
商	前1900～1500		二里头商代早期宫殿遗址，是中国已知最早的宫殿遗址(河南偃师)
	前17～11世纪		今河南郑州已出现版筑墙、夯土地基的长方形住宅
	前1384	盘庚十五年	迁都于殷，营建商后期都城(即殷墟，今河南安阳小屯)
	前12世纪	纣王	在朝歌至邯郸间兴建大规模的苑台和离宫别馆
西周	前12世纪～771		住宅已出现板瓦、筒瓦、人字形断面的脊瓦
	前12世纪	文王	在长安西北40里造灵囿
	前12世纪	武王	在沣河西岸营建沣京，其后又在沣河东岸建镐京
	前1095	成王十年	建陕西岐山凤雏村周代宗庙
	前9世纪	宣王	为防御狎狁，在朔方修筑系列小城
	前777	宣王五十一年(秦襄公)	秦建雍城西，祭白帝。后陆续建密畤、上畤、下畤以祭青帝、黄帝、炎帝，成为四方神畤
春秋	前6世纪		吴王夫差造姑苏台，费时3年
	前475	敬王四十五年	《周礼·考工记》提出王城规划须按“左祖右社”制度安排宗庙与社稷坛
战国	前4～3世纪		七国分别营建都城；齐、赵、魏、燕、秦并在国境中的必要地段修筑防御长城
	前350～207		陕西咸阳秦咸阳宫遗址，为一高台建筑
秦	前221	始皇帝二十六年	秦灭六国，在咸阳北阪仿关东六国而建宫殿
	前221	始皇帝二十六年	秦并天下，序定山川鬼神之祭
	前221	始皇帝二十六年	派蒙恬率兵30万北逐匈奴，修筑长城：西起临洮，东至辽东；又扩建咸阳
	前221～210	始皇帝二十六至三十七年	于陕西临潼建秦始皇陵
	前219	始皇帝二十八年	东巡郡县，亲自封禅泰山，告太平于天下
	前212	始皇帝三十五年	营造朝宫(阿房宫)于渭南咸阳
西汉	前3世纪		出现四合院住宅，多为楼房，并带有坞堡
	前206	高祖元年	项羽破咸阳，焚秦国宫殿，火三月不绝
	前205	高祖二年	建雍城北畤，祭黑帝，遂成五方上帝之制
	前201	高祖六年	建枌榆社于原籍丰县，继而令各县普遍建官社，祭土地神祇
	前201	高祖六年	令祝官立蚩尤祠于长安
	前201	高祖六年	建上皇庙
	前200	高祖七年	修长安(今西安)宫城，营建长乐宫
	前199	高祖八年	始建未央宫，次年建成

续表

朝代	年代	中国年号	大事纪要
西汉	前199	高祖八年	令郡国、县立灵星祠，为祭祀社稷之始
	前194～190	惠帝一至五年	两次发役30万修筑长安城
	前179	文帝元年	天子亲自躬耕籍田，设坛祭先农
	前179	文帝元年	在长安建汉高祖之高庙
	前164	文帝十六年	建渭阳五帝庙
	前140～87	武帝年间	于陕西兴平县建茂陵
	前140	武帝建元元年	创建崂山太清宫
	前139	武帝建元二年	在长安东南郊建立太一祠
	前138	武帝建元三年	扩建秦时上林苑，广袤300里，离宫70所；又在长安西南造昆明池
	前127	武帝元朔二年	始修长城、亭障、关隘、烽燧；其后更五次大规模修筑长城
	前113	武帝元鼎四年	建汾阴后土祠
	前110	武帝元封元年	封禅泰山
	前109	武帝元封二年	建泰山明堂
	前104	武帝太初元年	于长安城西建建章宫
	前101	武帝太初四年	于长安城内起明光宫
	前32	成帝建始元年	在长安城建南、北郊，以祭天神、地祇，确立了天地坛在都城规划布置中的地位
	4	平帝元始四年	建长安城郊明堂、辟雍、灵台
	5	平帝元始五年	建长安四郊兆、祭五帝、日月、星辰、风雷诸神
	5	平帝元始五年	令各地普建官稷
新	20	王莽地皇元年	拆毁长安建章宫等十余座宫殿，取其材瓦，建长安南郊宗庙，共十一座建筑，史称王莽九庙
东汉	25	光武帝建武元年	帝车驾入洛阳，修筑洛阳都城
	26	光武帝建武二年	在洛阳城南建立南郊(天坛)祭告天地
	26	光武帝建武二年	在洛阳城南建宗庙及太社稷。宗庙建筑，改变了汉初以来的一帝一庙制度，形成一庙多室，群主异室
	57	光武帝中元二年	建洛阳城北的北郊，祭地祇
	65	明帝永平八年	建成洛阳北宫
	68	明帝永平十一年	建洛阳白马寺
	153	桓帝元嘉三年	为曲阜孔庙设百石卒史，负责守庙，为国家管理孔庙之始
	2世纪	东汉末年	张陵修道鹤鸣山，创五斗米教，建置致诚祈祷的静室，使信徒处其中思过；又设天师治于平阳
	2世纪末	东汉末年	第四代天师张盛遵父(张鲁)嘱，携祖传印剑由汉中迁居龙虎山
三国	220	魏文帝黄初元年	曹丕代汉由邺城迁都洛阳，营造洛阳及宫殿
	221	蜀汉章武元年	刘备称帝，以成都为都
	229	吴黄武八年	孙权由武昌迁都建业，营造建业为都城
	235	魏青龙三年	起造洛阳宫
	237	魏明帝太和十一年	在洛阳造芳林苑，起景阳山
晋	约300年	惠帝永康元年	石崇于洛阳东北之金谷涧，因川阜而造园馆，名金谷园
	327	成帝咸和二年	葛洪于罗浮山朱明洞建都虚观以炼丹，唐天宝年间扩建为葛仙祠

续表

朝代	年代	中国年号	大事纪要
晋	332	成帝咸和七年	在建康(今南京)筑建康宫
	4世纪		在建康建华林园，位于玄武湖南岸；刘宋时则另于华林园以东建乐游苑
	347	穆帝永和三年	后赵石虎在邺城造华林园，凿天泉池；又造桑梓苑
	353～366	穆帝永和九年至废帝太和元年	始创甘肃敦煌莫高窟
	400	安帝隆安四年	慧持建普贤寺(即今万年寺前身)，为峨眉山第一座寺庙
	401～407	安帝隆安五年至义熙三年	燕慕容熙于邺城造龙腾苑，广袤十余里，苑中有景云山
	413	安帝义熙九年	赫连勃勃营造大夏国都城统万城
南北朝	420	宋武帝永初元年	谢灵运在会稽营建山墅，有《山居赋》记其事
	446	北魏太平真君七年	发兵10万修筑畿上塞围
	452～464	北魏文成帝	始建山西大同云冈石窟
	5世纪	北魏	北天师道创立人寇谦之隐居华山
	5世纪	齐	文惠太子造玄圃园，有“多聚奇石，妙极山水”的记载
	494～495	北魏太和十八至十九年	开凿龙门石窟(洛阳)
	513	北魏延昌二年	开凿甘肃炳灵寺石窟
	516	北魏熙平元年	于洛阳建永宁寺木塔
	523	北魏正光四年	建河南登封嵩岳寺砖塔
	530	梁武帝中大通二年	道士于茅山建曲林馆，继之为著名道士陶弘景的华阳下馆
	552～555	梁元帝承圣一至四年	于江陵造湘东苑
	573	北齐	高纬扩建华林苑，后改名为仙都苑
	6世纪	北周	庾信建小园，并有《小园赋》记其事
隋	582	文帝开皇二年	命宇文恺营建大兴城(今西安)，唐代更名长安城
	586	文帝开皇六年	始建河北正定龙藏寺，清康熙年间改称今名隆兴寺
	595	文帝开皇十五年	在大兴建仁寿宫
	605～618	炀帝大业年间	青城山建延庆观；唐代改建为常道观(即天师洞)
	605～618	炀帝大业年间	在洛阳宫城西造西苑，周围20里，有16院
	607	炀帝大业三年	在太原建晋阳宫
	607	炀帝大业三年	发男丁百万余修长城
	611	炀帝大业七年	于山东历城建神通寺四门塔
唐	7世纪		长安宫城内有东、西内苑，城外有禁苑，周围120里
	618～906		出现一颗印式的两层四合院，但楼阁式建筑已日趋衰退
	619	高祖武德二年	确定了对五岳、四镇、四海、四渎山川神的祭祀
	619	高祖武德二年	在京师国子学内建立周公及孔子庙各一所
	620	高祖武德三年	于周至终南山山麓修宗圣宫，祀老子，以唐诸帝陪祭(即古楼观之中心)
	627～648	太宗贞观年间	封华山为金天王，并创建庙宇(西岳庙)
	630	太宗贞观四年	令州县学内皆立孔子庙

续表

朝代	年代	中国年号	大事纪要
唐	636	太宗贞观十年	于陕西省礼泉县建昭陵
	651	高宗永徽二年	大食国正式遣使来唐，伊斯兰教开始传入我国
	7世纪		创建广州怀圣寺
	652	高宗永徽三年	于长安建慈恩寺大雁塔
	653	高宗永徽四年	金乔觉于九华山建化城寺
	662	高宗龙朔二年	于长安东北建蓬莱宫，高宗总章三年（670年）改称大明宫
	669	高宗总章二年	建长安兴教寺玄奘塔
	681	高宗开耀元年	长安建香积寺塔
	683	高宗弘道元年	于陕西省乾县建乾陵
	688	武则天垂拱四年	拆毁洛阳宫内乾元殿，建成一座高达三层的明堂
	7世纪末		武则天登中岳，封嵩山为神岳
	707～709	中宗景龙一至三年	于长安建荐福寺小雁塔
	714	玄宗开元二年	始建长安兴庆宫
	722	玄宗开元十年	诏两京及诸州建玄元皇帝庙一所，以奉祀老子
	722	玄宗开元十年	建幽州(北京)天长观，明初更名白云观
	724	玄宗开元十二年	于青城山下筑建福宫
	725	玄宗开元十三年	册封五岳神及四海神为王；四镇山神及四渎水神为公
	8世纪		在临潼县骊山造离宫华清池；在曲江则有游乐胜地
	742	玄宗天宝元年	废北郊祭祀，改为在南郊合祭天地
	751	玄宗天宝十年	玄宗避安史之乱，客居青羊观，回长安后赐钱大事修建，改名青羊宫
	8世纪		李德裕在洛阳龙门造平泉庄
	8世纪		王维在蓝田县辋川谷营建辋川别业
	8世纪		白居易在庐山造庐山草堂，有《草堂记》述其事
	782	德宗建中三年	于五台山建南禅寺大殿
	857	宣宗大中十一年	于五台山建佛光寺东大殿
	904	昭宗天祐元年	道士李哲玄与张道冲施建太清宫(称三皇庵)
五代	951～960	后周	始在国都东、西郊建日月坛
	956	后周世宗显德三年	扩建后梁、后晋故都开封城，并建都于此。北宋继之以为都城，并续有扩建
	959	后周世宗显德六年	于苏州建云岩寺塔
北宋	960～1279		宅第民居形式趋向定型化，形式已和清代差异不大
	964	太祖乾德二年	重修中岳庙
	971	太祖开宝四年	于正定建隆兴寺佛香阁及24米高观音铜像
	977	太宗太平兴国二年	于上海建龙华塔
	984	太宗雍熙元年(辽圣宗统和二年)	辽建独乐寺观音阁(河北蓟县)
	996	太宗至道二年(辽圣宗统和十四年)	辽建北京牛街礼拜寺
	11世纪		重建韩城汉太史公祠

续表

朝代	年代	中国年号	大事纪要
北宋	1008	真宗大中祥符元年	于东京(今开封)建玉清昭应宫
	1009	真宗大中祥符二年	建岱庙天贶殿
	1009	真宗大中祥符二年	于泰山建碧霞元君祠，祀碧霞元君
	1009～1010	真宗大中祥符二至三年	始建福建泉州圣友寺
	1013	真宗大中祥符六年	再修中岳庙
	1038	仁宗宝元元年(辽兴宗重熙七年)	辽建山西大同下华严寺薄伽教藏殿
	1049～1053	仁宗皇祐年间	贾得升建希夷祠祀陈抟(今玉泉院)
	1052	仁宗皇祐四年	建隆兴寺摩尼殿(河北正定)
	1056	仁宗嘉祐元年(辽道宗清宁二年)	辽建山西应县佛宫寺释迦塔
	11世纪		司马光在洛阳建独乐园，有《独乐园记》记其事
	11世纪		富弼在洛阳有邸园，人称富郑公园
	1086～1099	哲宗年间	赐建茅山元符荣宁宫
	1087	哲宗元祐二年	赐名罗浮山葛仙祠为冲虚观
	1102	徽宗崇宁元年	重修山西晋祠圣母殿
	1105	徽宗崇宁四年	于龙虎山创建天师府，为历代天师起居之所
	1115	徽宗政和五年	在汴梁建造明堂，每日兴工万余人
	1125	徽宗宣和七年	于登封建少林寺初祖庵
	12世纪	北宋末南宋初	广州怀圣寺光塔建成
南宋	12世纪		绍兴禹迹寺南有沈园，以陆游诗名闻于世
	12世纪		韩侂胄在临安造南园
	12世纪		韩世宗于临安建梅冈园
	1131	高宗绍兴元年	建福建泉州清净寺；元至正九年(1349年)重修
	1138	高宗绍兴八年	以临安为行宫，定为都城，并着手扩建
	1150	高宗绍兴二十年(金庆帝天德二年)	金完颜亮命张浩、孔彦舟营建中都
	1163	孝宗隆兴元年(金世宗大定三年)	金建平遥文庙大成殿
	1190～1196	光宗绍兴元年至宁宗庆元二年(金章宗昌明年间)	金丘长春修道崂山太清宫，后其师弟刘长生增筑观宇，建成全真道随山派祖庭
	1240	理宗嘉熙四年(蒙古太宗十二年)	蒙古于山西永济县永乐镇吕洞宾故里修建永乐宫
	1267	度宗咸淳三年(蒙古世祖至元四年)	蒙古忽必烈命刘秉忠营建大都城
	1269	度宗咸淳五年(蒙古世祖至元六年)	蒙古建大都(北京)国子监
	1271	度宗咸淳七年(元世祖至元八年)	元建北京妙应寺白塔，为中国现存最早的喇嘛塔
	1275	恭帝德祐元年(元至元十二年)	始建江苏扬州普哈丁墓
	1275	恭帝德祐元年(元至元十二年)	始建江苏扬州清真寺(仙鹤寺)，后并曾多次重修

续表

朝代	年代	中国年号	大事纪要
元	1281	元世祖至元十八年	浙江杭州真教寺大殿建成，延祐年间(1314～1320年)重建
	13世纪	元初	建西藏萨迦南寺
	13世纪	元初	建大都之禁苑万岁山及太液池，万岁山即今之琼华岛
	13世纪	元初	创建云南昆明正义路清真寺
	14世纪		创建上海松江清真寺，明永乐、清康熙时期重修
	1302	成宗大德六年	建大都(北京)孔庙
	1310	武宗至大三年	重修福建泉州圣友寺
	1320	仁宗延祐七年	建北京东岳庙
	1323	英宗至治三年	重修福建泉州伊斯兰教圣墓
	1342	顺帝至正二年	天如禅师建苏州狮子林
	1343	顺帝至正三年	重建河北定县清真寺
	1350	顺帝至正十年	重修广州怀圣寺
	1356	顺帝至正十六年	北京东四清真寺始建；明英宗正统十二年(1447年)重修
	1363	顺帝至正二十三年	建新疆霍城吐虎鲁克帖木儿玛扎
明	1368～1644		各地都出现一些大型院落，福建已出现完善的土楼
	1368	太祖洪武元年	朱元璋始建宫室于应天府(今南京)
	14世纪	太祖洪武年间	云南大理老南门清真寺始建，清代重修
	14世纪	太祖洪武年间	湖北武昌清真寺建成，清高宗乾隆十六年(1751年)重修
	14世纪	太祖洪武年间	宁夏韦州大寺建成
	1373	太祖洪武六年	南京城及宫殿建成
	1373	太祖洪武六年	派徐达镇守北边，又从华云龙言，开始修筑长城，后历朝屡有兴建
	1376～1383	太祖洪武九至十五年	于南京建灵谷寺大殿
	1373	太祖洪武六年	在南京钦天山建历代帝王庙
	1381	太祖洪武十四年	始建孝陵，位于江苏省南京市，成祖永乐三年(1405年)建成
	1388	太祖洪武二十一年	创建南京净觉寺；宣宗宣德五年(1430年)及孝宗弘治三年(1492年)两度重修
	1392	太祖洪武二十五年	创建陕西西安华觉巷清真寺，明、清两代并曾多次重修扩建
	1407	成祖永乐五年	始建北京宫殿
	1409	成祖永乐七年	始建长陵，位于北京市昌平区
	1413	成祖永乐十一年	敕建武当山宫观，历时11年，共建成8宫、2观及36庵堂、72岩庙
	1420	成祖永乐十八年	北京宫城及皇城建成，迁都北京
	1420	成祖永乐十八年	建北京天地坛、太庙、先农坛
	1421	成祖永乐十九年	北京宫内奉天、华盖、谨身三殿被烧毁
	1421	成祖永乐十九年	建北京社稷坛
	15世纪		大内御苑有后苑(今北京故宫坤宁门北之御花园)、万岁山(即清代的景山)、建福宫花园、西苑和兔苑
	1436	英宗正统元年	重建奉天、华盖、谨身三殿
	1442	英宗正统七年	重修北京牛街礼拜寺；清康熙三十五年(1696年)大修扩建
	1444	英宗正统九年	建北京智化寺

续表

朝代	年代	中国年号	大事纪要
明	1447	英宗正统十二年	于西藏日喀则建扎什伦布寺
	1456	景帝景泰七年	初建景泰陵 ，后更名为庆陵
	1465～1487	宪宗成化年间	山东济宁东大寺建成，清康熙、乾隆时重修
	1473	宪宗成化九年	于北京建真觉寺金刚宝座塔
	1483～1487	宪宗成化十九至二十三年	形成曲阜孔庙今日之规模
	1495	孝宗弘治八年	山东济南清真寺建成，世宗嘉靖三十三年(1554年)及清穆宗同治十三年(1874年)重修
	1500	孝宗弘治十三年	重修无锡泰伯庙
	16世纪		重修山西太原清真寺
	1506～1521	武宗正德年间	秦端敏建无锡寄畅园，有八音涧名闻于世
	1509	武宗正德四年	御史王献臣罢官归里，在苏州造拙政园
	1519	武宗正德十四年	重建北京宫内乾清、坤宁二宫
	1522～1566	世宗嘉靖年间	始建苏州留园；清乾隆时修葺
	1523	世宗嘉靖二年	重修河北宣化清真寺；清穆宗同治四年(1865)年再修
	1524	世宗嘉靖三年	新疆喀什艾迪卡尔礼拜寺建成，清高宗乾隆五十三年(1788)年扩建
	1530	世宗嘉靖九年	建北京地坛、日坛，月坛，恢复了四郊分祭之礼
	1530	世宗嘉靖九年	改建北京先农坛
	1531	世宗嘉靖十年	建北京历代帝王庙
	1534	世宗嘉靖十三年	改天地坛为天坛
	1537	世宗嘉靖十六年	北京故宫新建养心殿
	1540	世宗嘉靖十九年	建十三陵石牌坊
	1545	世宗嘉靖二十四年	重建北京太庙
	1545	世宗嘉靖二十四年	将天坛内长方形的大殿改建为圆形三檐的祈年殿
	1549	世宗嘉靖二十八年	重修福建福州清真寺
	1559	世宗嘉靖三十八年	建上海豫园，为潘允端之私园，大假山则是著名叠石家张南阳造
	1561	世宗嘉靖四十年	始建河南沁阳清真寺，明神宗万历十八年(1590年)、清德宗光绪十三年(1887年)重修
	1568	穆宗隆庆二年	戚继光镇蓟州；增修长城，广建敌台及关塞
	1573～1619	神宗万历年间	米万钟建北京勺园，以“山水花石”四奇著称
	1583	神宗万历十一年	始建定陵，位于北京市昌平区
	1598	神宗万历二十六年	始建永陵，初名兴京陵，清世祖顺治十六年(1659年)改为今名
	1601	神宗万历二十九年	建福建齐云楼，为土楼形式
	1602	神宗万历三十年	始建江苏镇江清真寺；清代重建
	1615	神宗万历四十三年	重建北京故宫皇极(太和)、中极(中和)、建极(保和)三大殿
	1620	神宗万历四十八年	重修庆陵
	1629	思宗崇祯二年(后金太宗天聪三年)	后金于辽宁省沈阳市建福陵
	1634	思宗崇祯七年	计成所著《园冶》一书问世

续表

朝代	年代	中国年号	大事纪要
明	1640	思宗崇祯十三年(清太宗崇德五年)	清重修沈阳故宫笃恭殿(大政殿)
	1643	思宗崇祯十六年(清太宗崇德八年)	清始建昭陵，位于辽宁沈阳市，为清太宗皇太极陵墓
清	1645～1911		今日所能见到的传统民居形式大致已形成
	17世纪	清初	新疆喀什阿巴伙加玛扎始建，后并曾多次重修扩建
	1644～1661	世祖顺治年间	改建西苑，于琼华岛上造白塔
	1645	世祖顺治二年	达赖五世扩建布达拉宫
	1655	世祖顺治十二年	重建北京故宫乾清、坤宁二宫
	1661	世祖顺治十八年	始建清东陵
	1662～1722	圣祖康熙年间	建福建永定县承启楼
	1663	圣祖康熙二年	孝陵建成，位于河北省遵化县
	1672	圣祖康熙十一年	重建成都武侯祠
	1677	圣祖康熙十六年	山东泰山岱庙形成今日之规模
	1680	圣祖康熙十九年	在玉泉山建澄心园，后改名静明园
	1681	圣祖康熙二十年	建景陵，位于河北遵化县
	1683	圣祖康熙二十二年	重建北京故宫文华殿
	1684	圣祖康熙二十三年	造畅春园
	1687	圣祖康熙二十六年	始建甘肃兰州解放路清真寺
	1689	圣祖康熙二十八年	建北京故宫宁寿宫
	1689	圣祖康熙二十八年	四川阆中巴巴寺始建
	1690	圣祖康熙二十九年	重建北京故宫太和殿，康熙三十四年（1695年）建成
	1696	圣祖康熙三十五年	于呼和浩特建席力图召
	1702	圣祖康熙四十一年	河北省泊镇清真寺建成；德宗光绪三十四年（1908年）重修
	1703	圣祖康熙四十二年	建承德避暑山庄
	1703	圣祖康熙四十二年	始建天津北大寺
	1710	圣祖康熙四十九年	重建山西解县关帝庙
	1718	圣祖康熙五十七年	建孝东陵，葬世祖之后孝惠章皇后博尔济吉特氏
	1720	圣祖康熙五十九年	始建甘肃临夏大拱北
	1722	圣祖康熙六十一年	始建甘肃兰州桥门街清真寺
	1725	世宗雍正三年	建圆明园，乾隆时又增建，共四十景
	1730	世宗雍正八年	始建泰陵，高宗乾隆二年(1737年)建成
	1735	世宗雍正十三年	建香山行宫
	1736～1796	高宗乾隆年间	著名叠石家戈裕良造苏州环秀山庄
	1736～1796	高宗乾隆年间	河南登封中岳庙形成今日规模
	1742	高宗乾隆七年	四川成都鼓楼街清真寺建成，乾隆五十九年（1794年）重修
	1745	高宗乾隆十年	扩建香山行宫，并改名静宜园
	1746～1748	高宗乾隆十一至十三年	增建沈阳故宫中路、东所、西所等建筑群落
	1750	高宗乾隆十五年	建造北京故宫雨花阁
	1750	高宗乾隆十五年	建万寿山、昆明湖，定名清漪园，历时14年建成
	1751	高宗乾隆十六年	在圆明园东造长春园和绮春园

续表

朝代	年代	中国年号	大事纪要
清	1752	高宗乾隆十七年	将天坛祈年殿更为蓝色琉璃瓦顶
	1752	高宗乾隆十七年	重修沈阳故宫
	1755	高宗乾隆二十年	于承德建普宁寺，大殿仿桑耶寺乌策大殿
	1756	高宗乾隆二十一年	重建湖南汨罗屈子祠
	1759	高宗乾隆二十四年	重建河南郑州清真寺
	1764	高宗乾隆二十九年	建承德安远庙
	1765	高宗乾隆三十年	宋宗元营建苏州网师园
	1766	高宗乾隆三十一年	建承德普乐寺
	1767～1771	高宗乾隆三十二至三十六年	建承德普陀宗乘之庙
	1770	高宗乾隆三十五年	建福建省华安县二宜楼
	1773	高宗乾隆三十八年	宁夏固原二十里铺拱北建成
	1774	高宗乾隆三十九年	建北京故宫文渊阁
	1778	高宗乾隆四十三年	建沈阳故宫西路建筑群
	1778	高宗乾隆四十三年	新疆吐鲁番苏公塔礼拜寺建成
	1779～1780	高宗乾隆四十四至四十五年	建承德须弥福寿之庙
	1781	高宗乾隆四十六年	建沈阳故宫文溯阁、仰熙斋、嘉荫堂
	1783	高宗乾隆四十八年	建北京国子监辟雍
	1784	高宗乾隆四十九年	建北京西黄寺清净化城塔
	18世纪		建青海湟中塔尔寺
	1789	高宗乾隆五十四年	内蒙古呼和浩特清真寺创建，1923年重修
	1796	仁宗嘉庆元年	始建河北易县昌陵，8年后竣工
	18～19世纪	仁宗嘉庆年间	黄至筠购买扬州小玲珑小馆，于旧址上构筑个园
	1804	仁宗嘉庆九年	重修沈阳故宫东路、西路及中路东、西两所建筑群
	1822	宣宗道光二年	建成湖南隆回清真寺
	1822～1832	宣宗道光二至十二年	天津南大寺建成
	1832	宣宗道光十二年	始建慕陵，4年后竣工
	1851	文宗咸丰元年	建昌西陵，葬仁宗孝和睿皇后
	1852	文宗咸丰二年	西藏拉萨河坝林清真寺建成
	1859	文宗咸丰九年	于河北省遵化县建定陵
	1859	文宗咸丰九年	成都皇城街清真寺建成，1919年重修
	1873	穆宗同治十二年	始建定东陵，德宗光绪五年（1879年）建成
	1875	德宗光绪元年	于河北省遵化县建惠陵
	1882	德宗光绪八年	青海大通县杨氏拱北建成
	1887	德宗光绪十三年	伍兰生在同里建退思园
	1888	德宗光绪十四年	重建青城山建福宫
	1891～1892	德宗光绪十七至十八年	甘肃临潭西道场建成；1930年重修
	1894	德宗光绪二十年	云南巍山回回墩清真寺建成
	1895	德宗光绪二十一年	重修定陵
	1909	宣统元年	建崇陵，为德宗陵寝

主要参考文献

《中国住宅概说》刘敦桢著
建筑工程出版社（1957年）
《中国建筑类型及结构》刘致平著
建筑工程出版社（1957年）
《徽州明代住宅》张仲一、曹见宾、付高杰、杜修均合著
建筑工程出版社（1957年）
《中国古代建筑史》初稿 内部讨论参考本
建筑科学研究院中国建筑史编辑会议
古代建筑史编辑组（1959年）
《浙江居民》中国技术发展中心建筑历史研究所著
中国建筑工业出版社（1984年）
《吉林居民》张驭寰著
中国建筑工业出版社（1985年）
《云南居民》云南省设计院《云南居民》编写组
中国建筑工业出版社（1986年）
《福建居民》高钤明、王乃香、陈瑜合著
中国建筑工业出版社（1987年）
《窑洞居民》侯继尧、任致远、周培南、李传泽著
中国建筑工业出版社（1989年）
《中国居住建筑简史》刘致平著 王其明增补
中国建筑工业出版社（1990年）
《广东居民》陆元鼎、魏彦钧著
中国建筑工业出版社（1990年）
《中国传统民居与文化》陆元鼎主编
中国建筑工业出版社（1991年）
《苏州居民》徐民苏、詹永伟、梁支夏、任华堃、邵庆编
中国建筑工业出版社（1991年）
《中国民居》王其钧著
上海人民美术出版社（1991年）

图书在版编目(CIP)数据

民间住宅建筑：圆楼窑洞四合院/本社编.—北京：中国建筑工业出版社，2009
（中国古建筑之美）
ISBN 978-7-112-11325-5

Ⅰ.民… Ⅱ.本… Ⅲ.民居—古建筑—建筑艺术—中国—图集 Ⅳ.TU-092.2

中国版本图书馆CIP数据核字（2009）第169185号

责任编辑：王伯扬　张振光　费海玲
责任设计：董建平
责任校对：李志立　赵　颖

中国古建筑之美
民间住宅建筑
圆楼窑洞四合院
本社　编
*
中国建筑工业出版社出版、发行（北京西郊百万庄）
各地新华书店、建筑书店经销
北京美光制版有限公司制版
北京方嘉彩色印刷有限责任公司印刷
*
开本：880×1230毫米　1/32　印张：6 1/2　字数：186千字
2010年1月第一版　　2010年1月第一次印刷
定价：45.00元
ISBN 978-7-112-11325-5
(18588)